生命のセントラルドグマ

RNAがおりなす分子生物学の中心教義

武村政春　著

ブルーバックス

カバー装幀／芦澤泰偉・児崎雅淑
カバーイラスト／赤津美和子
本文イラスト／永美ハルオ
目次・章扉デザイン／中山康子
図版製作／さくら工芸社

はじめに

キリスト教や仏教といった宗教には「教義」と呼ばれる中心的な考えがあり、世代を経て普遍的に伝えられている。これと同様に、読者のみなさんのなかには、絶対にこれだけは変えられないという「信念」をつねに心のなかにもち、それに沿って人生を送っているかたもおられよう。

こうした教義、信念、定理などを英語で「ドグマ dogma」というのだが、じつは分子生物学においても、こうした教義がある。

その教義は「遺伝子」に関するもので、私たちの遺伝子がはたしてどのようにはたらき、私たちの身体を作っているのか、そしてどのようにして私たちの身体を維持しているのかを説明するための、基本的かつとても重要なものである。

「遺伝子」というのは、細胞が活動するために必要なタンパク質の設計図のことである。これは、私たち生物が必ずもっているもので、親から子へと受け継がれていく。遺伝子はＤＮＡという物質の形で細胞のなかにしまわれていて、必要に応じてそこから遺伝情報が引き出され、その情報をもとにしてタンパク質が作られる。

遺伝子という言葉からは、往々にして「遺伝」という現象のみが連想されてしまうが、私たちがいまこうして生きているのは、その遺伝子からつねにタンパク質が作られ続けているからであって、そのタンパク質のはたらきこそが、生命活動の根幹をになっているのである。

さて、タンパク質が作られるとき、DNAの形をとっていた遺伝情報は、いったんRNAという物質にコピーされる。そしてこのRNAを介して、最終的にタンパク質が作られるというステップを経る。

すなわち、遺伝情報の伝達には、「その情報がDNAからRNAへコピーされ、それがタンパク質に翻訳される」という、決まった一連の流れが存在するのである。遺伝情報はつねにこの流れにのっとり、けっして逸脱することはない。この考え、そしてこの流れこそが分子生物学の教義であり、一般的に「分子生物学のセントラルドグマ（中心定理、中心教義）」と呼びならわされているものである。

この教義は、もともとDNA二重らせん構造の発見者の一人、故フランシス・クリック博士が一九五八年に唱えたものであるが、二一世紀を迎えた現在においてもなお、「分子生物学のセントラルドグマ（以降、単にセントラルドグマと呼ぶ）」は、概念として生命現象の中心にあり続けている。セントラルドグマは全生物に共通のしくみであり、それゆえにこそ、地球上のあらゆる生物は、太古の昔に存在していた共通の祖先から進化してきたことがわかるのである。

本書では、「遺伝子からタンパク質が作られる」という、単純に聞こえるこの反応が、「いかに多彩なしくみでなりたっているか」についてご紹介していきたいと思う。

だが、ここで鍵となるのはDNAではなく、またタンパク質でもない。

RNAなのだ。

じつはこのRNA、現在分子生物学の世界で大きな注目を集めている。単なるDNAのコピー分子などではないのである。

二〇〇六年のノーベル賞が、生理学医学賞と化学賞の二つの分野で、セントラルドグマに密接に関係する二つの研究に授与されたのはまだ記憶に新しい。両方ともRNAに関係し、かつ分子生物学の発展に多大な貢献をした研究であった。

いったいRNAとはなにものなのか？　そして私たちをどのように操っているのだろうか？

これから読者のみなさんを、RNAがつかさどる中心教義《セントラルドグマ》の世界へと誘うことにしよう。しばしの間、魅力あふれる分子世界に浸《ひた》ってみてはいかがだろうか。

なお、最近ではタンパク質の設計図だけを「遺伝子」と呼ぶこれまでの慣習が通用しなくなってきているが（第四章参照のこと）、本書はあくまでもセントラルドグマに関するものであるため、これまでどおり、「遺伝子」といえばタンパク質の設計図のことを指すこととした。

目次

第一章

転写

〜DNAからmRNAへ〜

第一節　遺伝子の転写　～ｍＲＮＡはこうして合成される～

ＤＮＡとＲＮＡ

私たちの細胞の核には、「ＤＮＡ」と呼ばれる物質が存在している。ＤＮＡは、「デオキシリボ核酸 deoxyribonucleic acid」の略称だ。

遺伝子の正体がこのＤＮＡであることは、いまやすでに多くの人が知っている。ＤＮＡはＡ、Ｔ、Ｇ、Ｃという四種類の「文字」がさまざまな配列で長く連なったような構造をしており、ＤＮＡのある部分では、この「文字」の配列が大きな意味をもつ。

つまり、その場合の文字の配列が、そのままタンパク質の設計図になっているのだ。ＤＮＡのうち、この意味のある文字配列の部分を「遺伝子」といい、その内容のことを「遺伝情報」という。

この遺伝情報、つまりタンパク質の設計図は、そのままではタンパク質にはならない。遺伝情報は、DNAに書き込まれた状態から、ある分子にそのまま写し取られる。それをもとにして、タンパク質が作られるのである。

そのある分子とは、「RNA」と呼ばれるDNAとよく似た物質だ。RNAは、「リボ核酸 ribonucleic acid」の略称である。

DNA上の遺伝情報がそのまま写し取られるため、やはりRNAも、DNAと同様に四種類の「文字」が長く連なった構造をしており、そしてDNAと同様、やはりその「文字」の配列が大きな意味をもっている。

本章ではまず、DNAに書き込まれた遺伝情報が、どのようにRNAへと写し取られる(コピーされる)かについて、ご紹介することにしよう。

カップラーメンとDNA

お湯を入れる前のカップラーメンは、硬く乾いた麺がちぢれてぎゅっと縮まっている。沸騰した湯を入れるとすぐに水分を吸収し、箸でほぐすと簡単に伸びる。

じつは筆者は、カップラーメンを硬めに仕上げて食べるのが大好きだ。お湯を入れてすぐ食べはじめる場合が多いので、ややもすれば、麺の一部がまだほぐれきらず、ぎゅっと縮まったままのときもある。

遺伝子の転写はほぐれたDNA上で起こる

私たちの細胞の核に存在するDNAは、いってみればこの、ぎゅっと縮まったままの部分が散在する「ほぐれきらないカップラーメン」の状態とよく似ている。

遺伝子からタンパク質ができていくことを、遺伝子が「発現する」という。この「発現する」あるいは「発現」という表現は、これ以降本書でたびたび登場するので、どうぞ覚えておいていただきたい。

よく伸びて、完全にほぐれた部分のDNAでは、この遺伝子発現がさかんにおこなわれており、その反対に、硬いままでぎゅっと縮まった部分のDNAでは、遺伝子発現はほとんどおこなわれていない（160ページコラム3参照）。

正確にいえば、うまくほぐれたDNA上で起こっているのは、遺伝子発現の最初のステップ、

「DNA上の遺伝子のコピー」である。これを「転写」と呼び、ほぐれた部分のDNAではこの転写がひじょうに活発におこなわれている。

はたして遺伝情報のコピー——転写反応——は、いったいどのようにおこなわれるのだろうか。

生命のセントラルドグマはまず、ここからスタートする。

メッセージを伝える「使者」

徳川家に仕えた村越茂助という男はある時、関ケ原合戦を目の前にした主君家康から、味方の諸将への使者の役目を申し付けられた。実直だった彼は、家康の伝言を一字一句間違えることなく諸将に伝え、家康が口にした言葉以外の余計なことは一切いわなかったという。それにより家康の真意がうまく諸将に伝わり、決戦の火蓋が切られたと伝えられている。

さて、DNA上の遺伝情報をコピーしたRNAのことを「mRNA（メッセンジャーRNA）」という。日本語では「伝令RNA」などと訳されることが多い。このmRNAこそ、セントラルドグマの主役中の主役だ。

mRNAはその名のとおり、DNAの指令をタンパク質合成装置であるリボソームに伝えるメッセンジャーであり、「使者」である。（指令などという言葉はあまり使いたくないが、ここでは

ひとまずしかたがない)

なぜわざわざ「使者」が必要なのかといえば、DNAは細胞の「核」にあるのに対して、タンパク質を作る「リボソーム」は細胞質に、すなわち核の外にあるからである。遠く離れた人にメッセージを伝えるのに、誰かあるいは何かを介して伝えるようなものだ。

核に存在するDNAは、自分でわざわざ細胞質まで赴くといったようなことはせずに、代わりの分子に遺伝情報をコピーしてこれを「使者」として、細胞質にまで行かせるのである。その使者が、mRNAなのだ。

それでは、いったいどのようにして、DNA上の遺伝情報は「mRNA」にコピーされるのだろうか。

DNAの型をとる

DNAは、「ヌクレオチド」と呼ばれる分子ブ、ロ、ッ、ク、がたくさんつながった構造をしている。このブロックは、正確には「デオキシリボヌクレオチド」と呼ばれる。

ヌクレオチドは「塩基」、「糖」、「リン酸」から構成され、塩基にはアデニン(A)、グアニン(G)、シトシン(C)、チミン(T)の四種類が存在する。これが、本章の冒頭で述べた「文字」の正体である。

これらの「文字」すなわち塩基には「相補性」という性質がある。これは、塩基Aに対しては塩基Tが、塩基Gに対しては塩基Cが必ずペアとなって結合する性質のことを指す。

この相補性により、たとえばDNAのいっぽうの鎖が「AATGGTAAGCCTG」という塩基配列をもつとすると、もういっぽうの鎖は自動的に、「TTACCATTCGGAC」という塩基配列をもつようになっている。なお、DNAには5′→3′という方向性があり（43ページ参照）、ふたつの鎖の方向性は逆になっている（図1）。

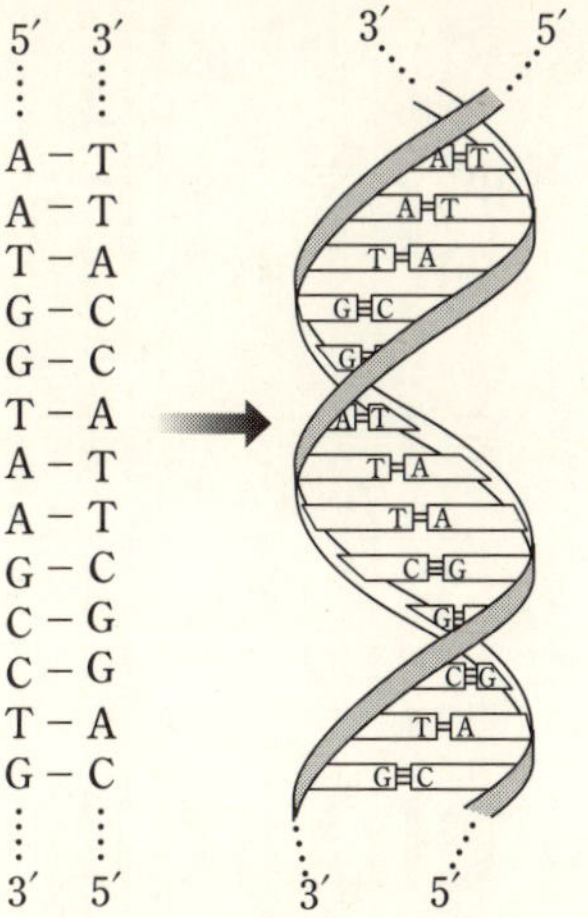

図1　DNA二本鎖の相補性

じつはRNAも、DNAと同じように「ヌクレオチド」がたくさんつながった構造をしている。ただし、DNAと異なるのは、まず四種類の「文字」である塩基のなかでチミン（T）が「ウラシル（U）」になっていること、そして「糖」の種類が、DNAでは「デオキシリボース」であるのに対して、RNAは「リボース」であるということだ（図2）。RNAの場合、正確にはこれを「リボヌクレオチド」という。

mRNAは、二本鎖となっているDNAのいっぽうの鎖を鋳型として合成される。なぜなら

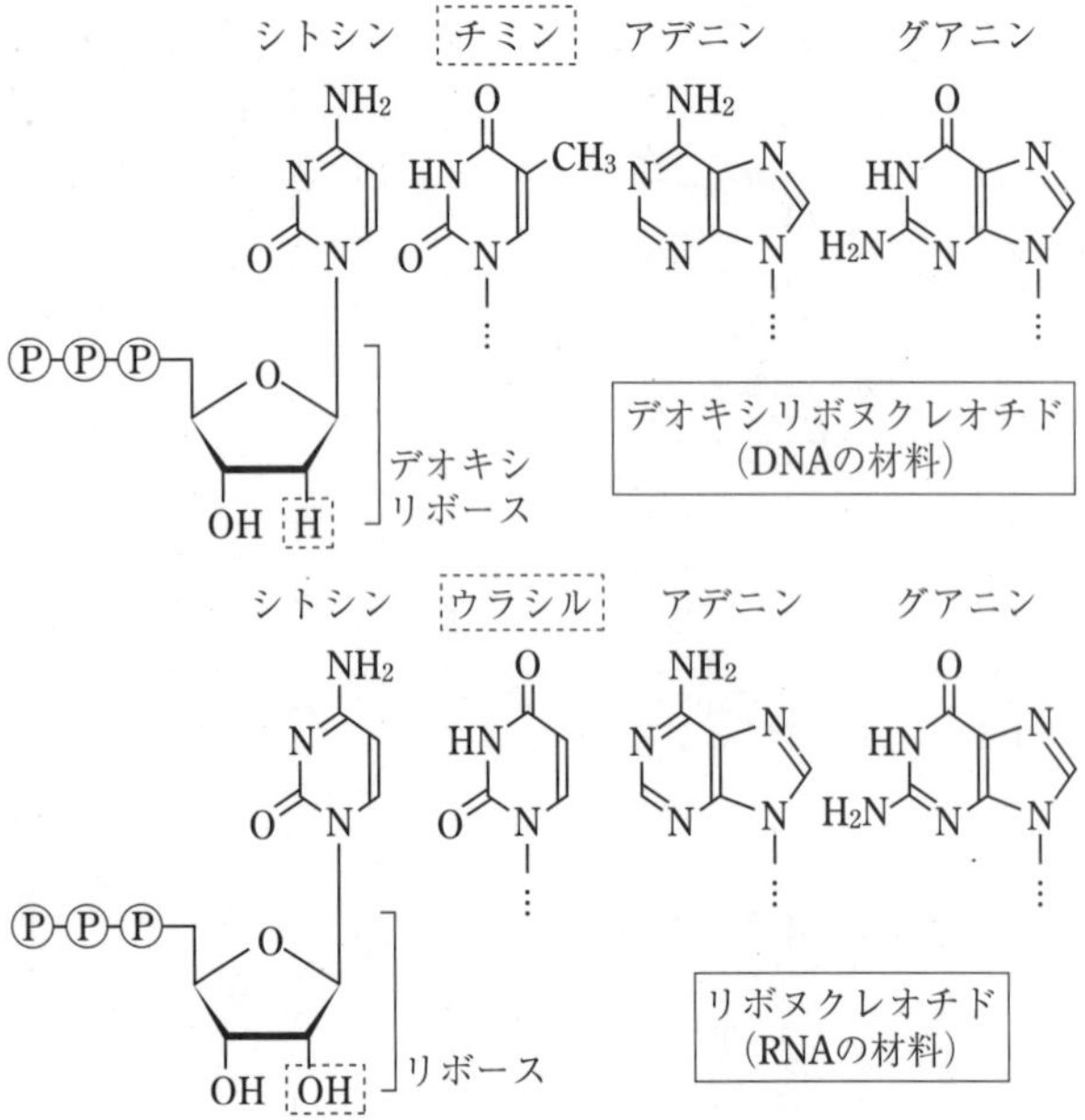

図２　ヌクレオチドの構造

遺伝子というのは通常、ＤＮＡ二本鎖のどちらかいっぽうの塩基配列を指すからであり、これを「センス鎖」という。このセンス鎖と「相補的」なもういっぽうの鎖は「アンチセンス鎖」という。ただし遺伝子の種類によって、ＤＮＡ二本鎖のどちらがセンス鎖で、どちらがアンチセンス鎖になるかは違ってくる。

ｍＲＮＡは「アンチセンス鎖」を鋳型として合成されるので、その塩基配列はアンチセンス鎖の塩基配列に対して相補的となっている（図３）。たとえばアンチセンス鎖の塩基配列が「ＡＧＴＴＧＣ

TCA」だったとしたら、Aに対してU、Gに対してC、Cに対してG、Tに対してAが相補的な塩基ということになるので、合成されたmRNAの塩基配列は「UCAACGAGU」となる。5′→3′の方向性のため、正しく表記する場合は、相補的な塩基配列は逆向き（UGAGCAACU）に書くのが普通である。したがって、合成されたmRNAの塩基配列は、TがUになっていることを除き、遺伝子（センス鎖）の塩基配列とまったく同じになるのである。

さて、コピーされたmRNAは、正確には「mRNA前駆体」と呼ばれる。なぜならば、コピーされてから実際にmRNAとして機能するまでには、さまざまな処理がなされるからである。

この「さまざまな処理」については本章第二節ならびに第二章で詳しく述べることとして、ここではまず、いかにして「mRNA前駆体」が合成されるかについてご紹介しよう。が、これ以降は簡略化のため、本書ではmRNA前駆体についても「mRNA」と統一して呼ぶことにする。

ちなみに、DNAはほぼ例外なく二本鎖であるのに対して、RNAは一本鎖のままで存在している場合が多い（傍点強調の理由は、あとの章で詳しく述べる）。

```
3′ …—UCAACGAGU—… 5′     RNA
      |||||||||
5′ …—AGTTGCTCA—… 3′     DNA（アンチセンス鎖）
```

図３　mRNAはアンチセンス鎖に対して「相補的」

ＲＮＡポリメラーゼ

ＤＮＡを鋳型としてｍＲＮＡを合成するのが「ＲＮＡポリメラーゼ」と呼ばれる酵素である。世界ではじめてＲＮＡポリメラーゼが発見されたのは一九五九年のことである。それ以来現在までに、私たち真核生物（細胞のなかに核がある生物）では、三種類のＲＮＡポリメラーゼ（Ⅰ、Ⅱ、Ⅲ）が存在することがわかってきた。いっぽう、細菌などの原核生物（細胞のなかに核のない生物）でこれまでに確認されているのは、たった一種類だけである。

さてここから先は、私たち真核生物における話。

私たちの細胞のなかに存在するＲＮＡは、ｍＲＮＡだけではない。あとでイヤというほどご紹介するが、ｍＲＮＡ以外にもさまざまな種類のＲＮＡが合成され、さまざまな機能をはたしている。そのためかどうかはわからないが、三種類のＲＮＡポリメラーゼはそれぞれ、合成するＲＮＡの種類が異なっていることが知られている。たとえば「ＲＮＡポリメラーゼⅠ」は核小体――核のなかにある小さな構造体で、タンパク質合成装置であるリボソームが組み立てられる場所――のなかでおこなわれるＲＮＡ合成を、「ＲＮＡポリメラーゼⅡ」はすべてのｍＲＮＡの合成を、そして「ＲＮＡポリメラーゼⅢ」は「ｔＲＮＡ（転移ＲＮＡ：後述）」の合成を主としておこなうことが知られている。

このうち、本章の主役はｍＲＮＡなので、ここから先はｍＲＮＡを合成する「ＲＮＡポリメラーゼⅡ」の話となる。

ところで、二〇〇六年のノーベル化学賞は、真核生物の転写のしくみを巧みな結晶構造解析により明らかにした米国スタンフォード大学教授、ロジャー・コーンバーグに授与された。

コーンバーグは、世界初のＤＮＡ合成の研究によりノーベル生理学医学賞を受賞したアーサー・コーンバーグの息子である。アーサー・コーンバーグについては拙著『ＤＮＡ複製の謎に迫る』（講談社ブルーバックスＢ１４７７）でご紹介しているので、どうぞ参照されたい。

ロジャー・コーンバーグの業績はたくさんあるが、ＲＮＡポリメラーゼⅡに限っていえば、彼の研究グループが二〇〇一年に米科学誌『サイエンス』に発表したＲＮＡポリメラーゼⅡの結晶構造解析の論文は、ノーベル賞委員会のプレス・リリースにもあるように転写研究の「ブレークスルー」となった。

一九六九年にＲＮＡポリメラーゼⅡの存在が明らかになって以来三〇年あまりの間、どのようなメカニズムでＲＮＡポリメラーゼⅡが転写をおこなっているのか、その実態はまるでわからなかったのだが、彼らの研究によりその反応の全体像がようやく明らかとなったのである。

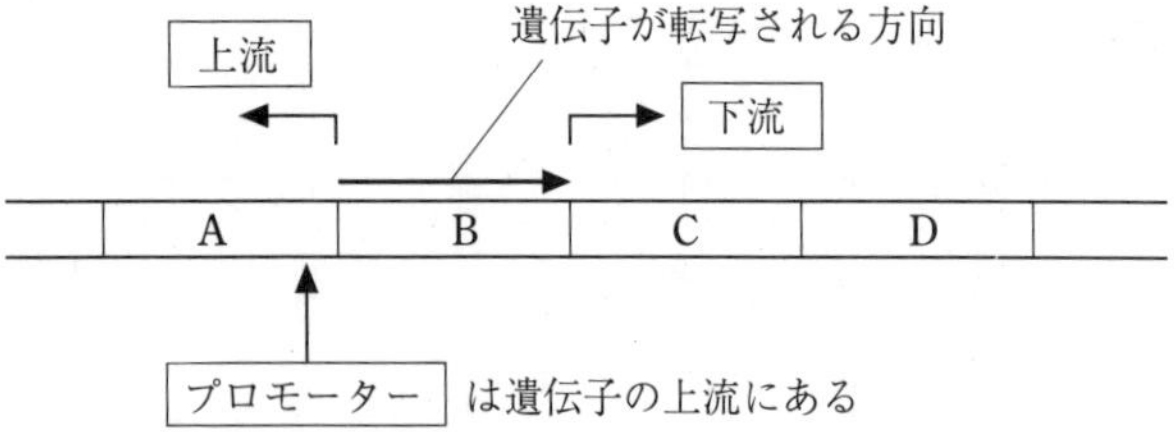

図４　遺伝子の「上流」と「下流」

ＲＮＡポリメラーゼⅡが結合するＤＮＡ上の配列

ＲＮＡポリメラーゼⅡによる転写反応についてお話しするまえに、その開始の仕方について説明しておく必要がある。

遺伝子はコピーされる方向が決まっている。つまりＲＮＡポリメラーゼという酵素は、一方通行でしかｍＲＮＡを合成できないのだ。かりに、あるＤＮＡにＡ、Ｂ、Ｃという領域が隣り合って存在しているとする（図４）。このうちＢが遺伝子で、ＲＮＡポリメラーゼがＢ上をＡからＣの方向に向かって動き、ｍＲＮＡを合成するとする。この時、Ａの位置にあるＤＮＡ領域は遺伝子の「上流」、Ｃの位置にあるＤＮＡ領域は遺伝子の「下流」にある、という具合に呼ぶ（図４）。

遺伝子よりもやや上流のＤＮＡの部分——つまりＡの位置——に、その遺伝子の発現をコントロールするいくつかの領域が存在することが知られている。

そのうちの一つに「プロモーター」と呼ばれる領域がある。「プロモート」とは「促進する」という意味だ。

転写は、このプロモーター部分に、「基本転写因子」と呼ばれるいくつかのタンパク質が結合することからスタートする。簡単にいえば、基本転写因子は転写が始まる環境を整え、RNAポリメラーゼⅡを呼び込み、その機能を補助するはたらきをもつ。

じつは、ひとくちに「プロモーター」といっても、その領域のDNAの塩基配列は、それぞれの遺伝子によって異なっていることが知られており、また原核生物と真核生物とではさらに大きく異なるのだが、とりあえずここでは「プロモーター」とひとくくりに考えておいていただきたい。

基本転写因子

もっとも手間がかかるのが、RNAポリメラーゼⅡが実際にはたらきはじめるまでの準備期間である。それをおこなう主役こそ「基本転写因子」である。

プロモーター領域に結合する基本転写因子は、その役割に応じて三つに分類される。

その三つとは、(一) 転写のきっかけを作る役、(二) RNAポリメラーゼⅡの呼び込み役、(三) 転写開始促進役の三つである。

RNAポリメラーゼⅡに関わる基本転写因子には、「TFⅡ○」という名前がついている——○にはアルファベットが入る——。「TF」は転写因子をあらわす英語「transcription factor」

の頭文字であり、「Ⅱ」はRNAポリメラーゼⅡと一緒になってはたらくという意味だ。

現在までに、「TFⅡD」、「TFⅡA」、「TFⅡB」、「TFⅡF」、「TFⅡE」、そして「TFⅡH」という六種類のものが知られている（図5）。

このうち、「TFⅡD」、「TFⅡA」がまずプロモーター領域に結合して転写のきっかけを作る。すなわち（一）の役目だ。

続いて「TFⅡB」、「TFⅡF」がやってきて結合するのだが、このときRNAポリメラーゼⅡもほぼ同時にやってきて、TFⅡBを足がかりにしてプロモーター領域に結合する。これが（二）の役目。

そしてつぎに、（三）の役割をもつ「TFⅡE」と「TFⅡH」がやってくる。このうちTFⅡHには、DNA二本鎖を解きほぐす「ヘリカーゼ」活性が存在し、これがはたらきはじめることが、転写反応開始のきっかけとなる。

さきほども述べたように、遺伝子というのは、二本鎖になったDNAの、どちらかいっぽうの鎖の上にのみ存在している。二本鎖のままでは、もういっぽうの鎖が邪魔になって転写ができないため、転写反応が起こる前に、まずDNA二本鎖を解きほぐさなければならないのだ。

TFⅡEは、TFⅡHの取り込みやプロモーター部分の二本鎖解きほぐしに関与し、TFⅡHはヘリカーゼとしての役割の他、プロモータークリアランス（34ページ参照）、RNAポリメラ

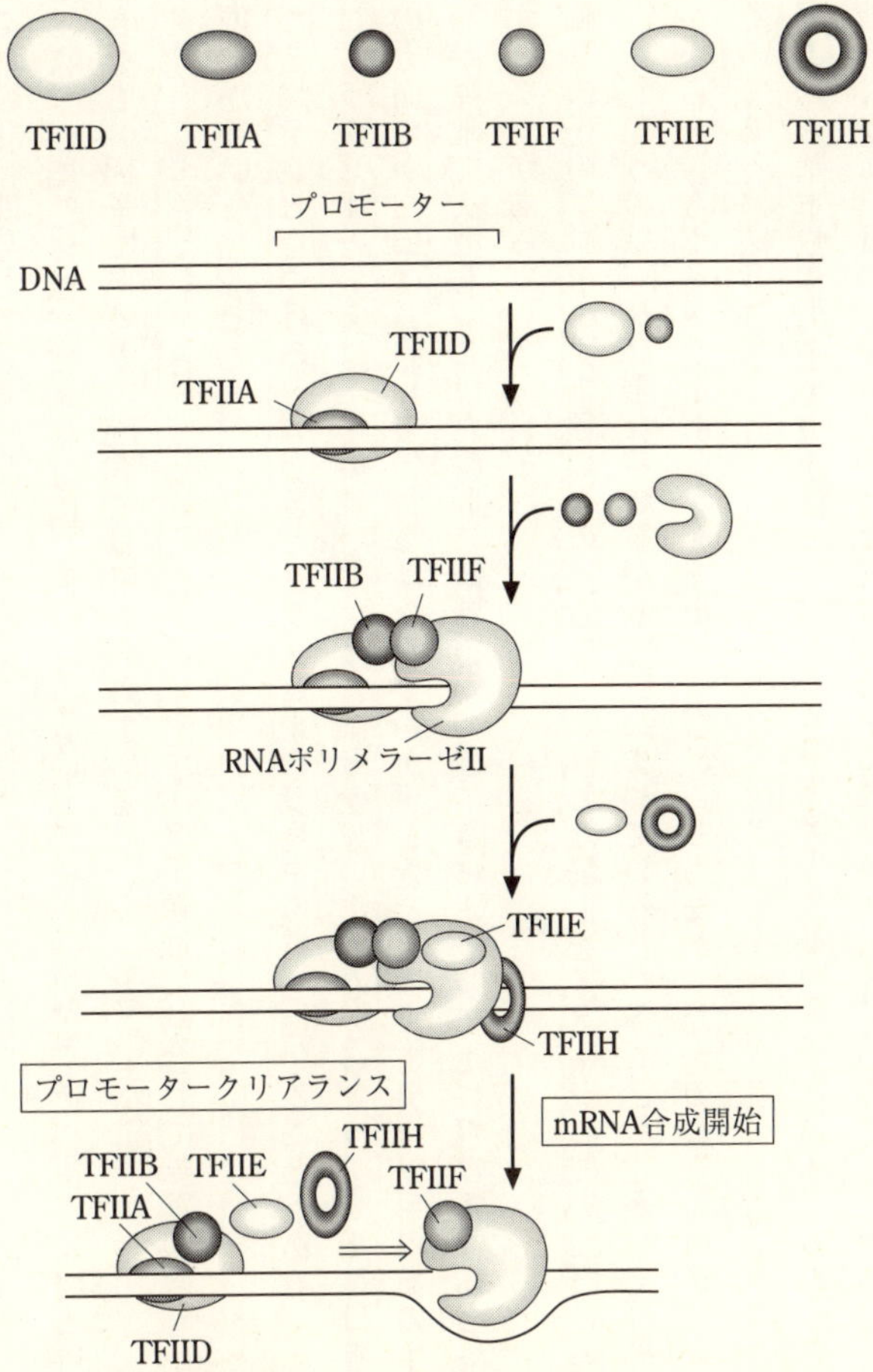

図５　基本転写因子が“集合”して、mRNAが合成されはじめるまで

ーゼⅡの活性化に関与しているらしい。

「ＴＦⅡＡ」に関しては、基本転写因子というよりもむしろ、「コアクチベーター」と呼ばれるはたらきをもつ因子であると、現在では考えられている。

未知の現象が多い

休日などにテレビをつけると、ときどきラグビーの試合を中継していることがある。

著者は、ラグビーといえば「早慶戦」という言葉しか思い出さないほどラグビーには無知なので、その方面のかたにはお許しを乞わねばなるまいが、ときどき、ピーナッツ形のあのボールのパスに相手陣地で失敗し、こけた瞬間に敵味方がつぎつぎにボールの上に飛び重なるという場面を目にすることがある。

基本転写因子のプロモーター領域への集合は、こうした場面をイメージしていただけるとよいだろう。ただ違うのは、飛び重なる順番が厳密に決まっているということだ。そして最後には、そのなかからＲＮＡポリメラーゼⅡが顔を出し、なにごともなかったかのようにｍＲＮＡを合成していくのである（図５）。

また、これら基本転写因子のほかにも、「メディエーター」という三〇種類にもおよぶタンパク質の複合体がＴＦⅡＤ、ＴＦⅡＡとともに結合することが知られている。

このように、基本的なメカニズムについてはだいたい解明されてきたが、転写開始反応にはまだまだ未知の現象は多い。ここで述べた基本転写因子についてもほぼ出尽くした感はあるが、しかしながら転写開始反応はひじょうに複雑な反応であり、基本転写因子だけではなく、コラム3（160ページ参照）でご紹介する「ヒストンのアセチル化」に関与する因子や、他にもさまざまな転写因子が関与するし、まだまだ未知の因子も存在すると考えられている。さらにこうした因子は、プロモーターの種類によっても、また細胞の種類によってもさまざまで、これらをすべて一つの俎《まないた》のうえで料理することなどとてもできないほど多様である。

今後もさらなる研究がおこなわれる必要があるし、それによって新たな機構の存在がこれからもつぎつぎと明らかとなってくるであろう。

力を合わせれば怖いものなし

数種類の異なるタンパク質が集まってはじめて、一つの機能を発揮する場合がある。その場合のそれぞれのタンパク質を「サブユニット」と呼ぶ。これまで述べてきた基本転写因子も、そのほとんどがサブユニットからなりたつ「タンパク質の集まり」である。

たとえば、転写のきっかけを作る「ＴＦⅡＤ」などは、「ＴＢＰ」、「ＴＡＦ２」、「ＴＡＦ５」、「ＴＡＦ６」、「ＴＡＦ７」など十数種類ものサブユニットからなる大きなタンパク質だ。

いったいどうして、タンパク質は「サブユニット」構造を形作る必要があるのだろうか。その理由は、転写反応のような複雑な反応の場合、ひじょうに緻密で厳密なコントロールを受ける必要があるからで、そのためにはたった一種類の「サブユニット」だけではまかないきれないからだろう。

わかりやすくいえば、役割分担をしているのである。

たとえば、「カツオノエボシ *Physalia physalis*」というクラゲがいる。青い透明な浮き袋と二メートルにもおよぶ長い触手が特徴的なクラゲである。この青い浮き袋で海面に漂い、毒針が仕込まれた触手で獲物を捕らえるという、海水浴客にとってはきわめて危険な生き物だ。

クダクラゲ目の仲間に分類されるこのクラゲは、私たちが「クラゲ」と聞いて、一般に想像する「ミズクラゲ」が一つの個体からなりたっているのとは対照的に、たくさんの個体（個虫と呼ばれる）からなる「群体」である。つまり、浮き袋の役を果たす個体、触手の役割をもつ個体、生殖用の個体、食べ物の消化用の個体と、それぞれにきちんとした役割がある。これらの役割に特化してしまった「個虫」は、もはや「カツオノエボシ」を離れては生きていくことはできない。

タンパク質のサブユニットも似たようなもので、サブユニット単独ではその機能を有効に発揮することができない（例外はあるが）。遺伝情報の転写といった複雑な機能を果たすための、細かいくつかの作業をこなす必要があり、そのためのそれぞれの役割に特化したのが「サブユニット」だからである。

ＴＦⅡＤの場合では、たとえばそのサブユニットの一つである「ＴＢＰ」が、プロモーター領域のなかでもとりわけ重要な「コア・プロモーター」にある「ＴＡＴＡボックス（通称タタボックス）」と呼ばれる領域と結合する役目をになっているし、「ＴＡＦ２」や「ＴＡＦ６」などのサブユニットはプロモーター領域内にある他の部分に結合する役目をはたし、また「ＴＡＦ５」や「ＴＡＦ７」などは「アクチベーター」と呼ばれる転写制御因子と結合することが知られている（図６）。

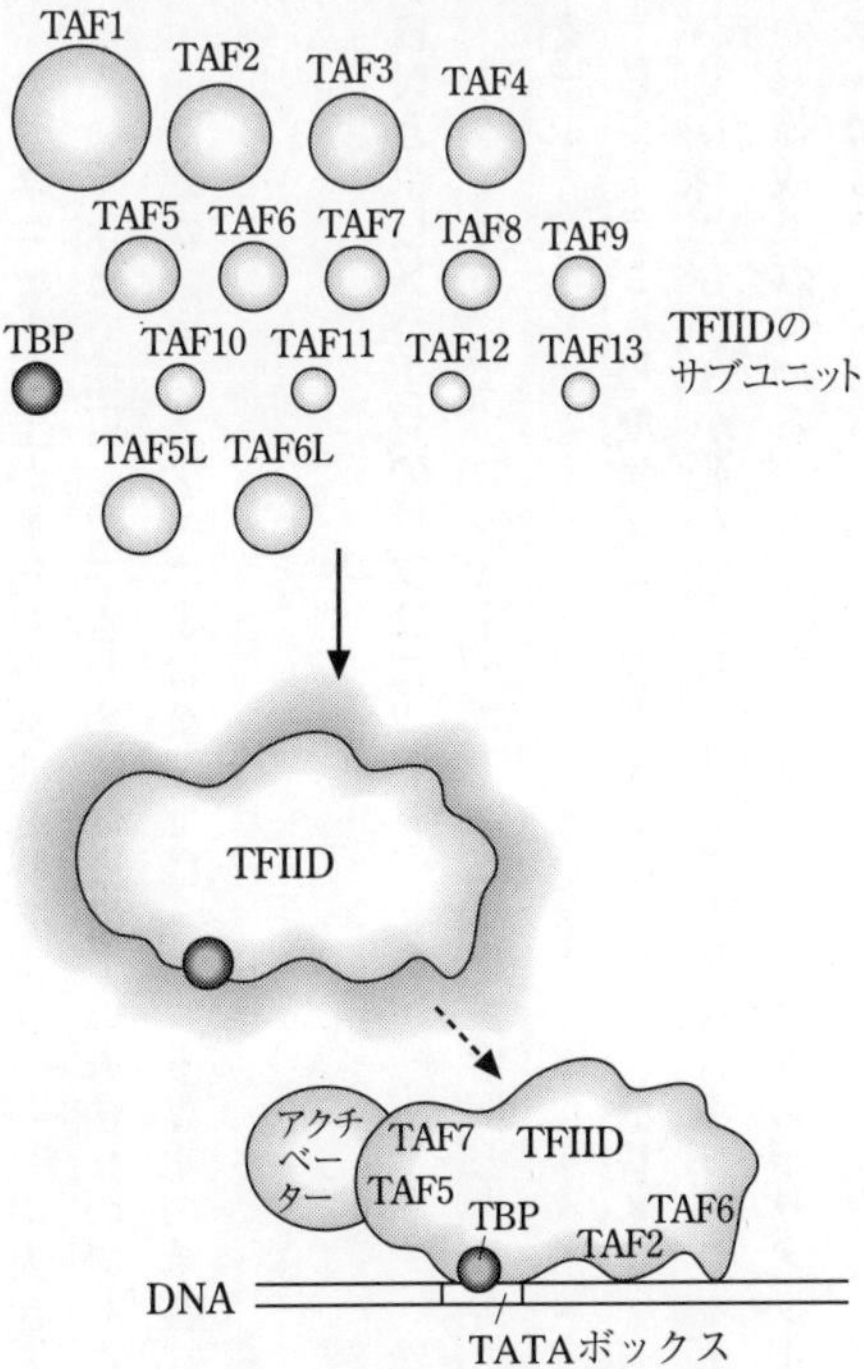

図６　TFⅡDのサブユニット

サブユニット同士が特化した機能を持ち寄り、一つの大仕事をなしとげる。これが、細胞が生きていくうえで採用した、きわめて効率のよい方法なのであろう。

余談だが、カツオノエボシは英語では「ポルトガルの軍艦(Portuguese man-of-war)」というらしい。

RNAポリメラーゼのサブユニット

それではここで、ロジャー・コーンバーグが解明したRNAポリメラーゼIIの構造へと話を戻そう。

じつは、こうしたサブユニット構造は、RNAポリメラーゼIIにも当てはまる。真核生物のなかでもっとも研究が進んでいる出芽酵母のRNAポリメラーゼIIは、一二種類ものサブユニットから構成されている。ちなみに、残り二つのRNAポリメラーゼ(IとIII)も、多くのサブユニットからできている。

なぜこれほど多くのサブユニットが必要なのか?

さきに述べたように、RNAポリメラーゼはたった一人だけで遺伝子のコピーを取る作業をしているわけではなく、基本転写因子やその他の転写制御因子などと協調してはたらいているので、当然、それら因子との相互作用をおこなうといったこともしなければならない。サブユニットの数の多さは、RNAポリメラーゼがいかに多くの仕事をしなければ遺伝子のコピーを取れないかを、よくあらわしているといっていいだろう。

RNAポリメラーゼⅡを構成する一二種類のサブユニットには、それぞれ共通して「Rpb○」という名前で、○の部分には1～12の数字が入るというきわめてわかりやすいネーミングがなされている。「Rpb」は「RNAポリメラーゼB」のことで、「B」は二番目（RNAポリメラーゼ「Ⅱ」だから）をあらわすアルファベットである。1～12という数字は、分子の大きさ（分子量）の大きい順に付けられたものであり、もっとも大きなサブユニットは「Rpb1」である（図7）。

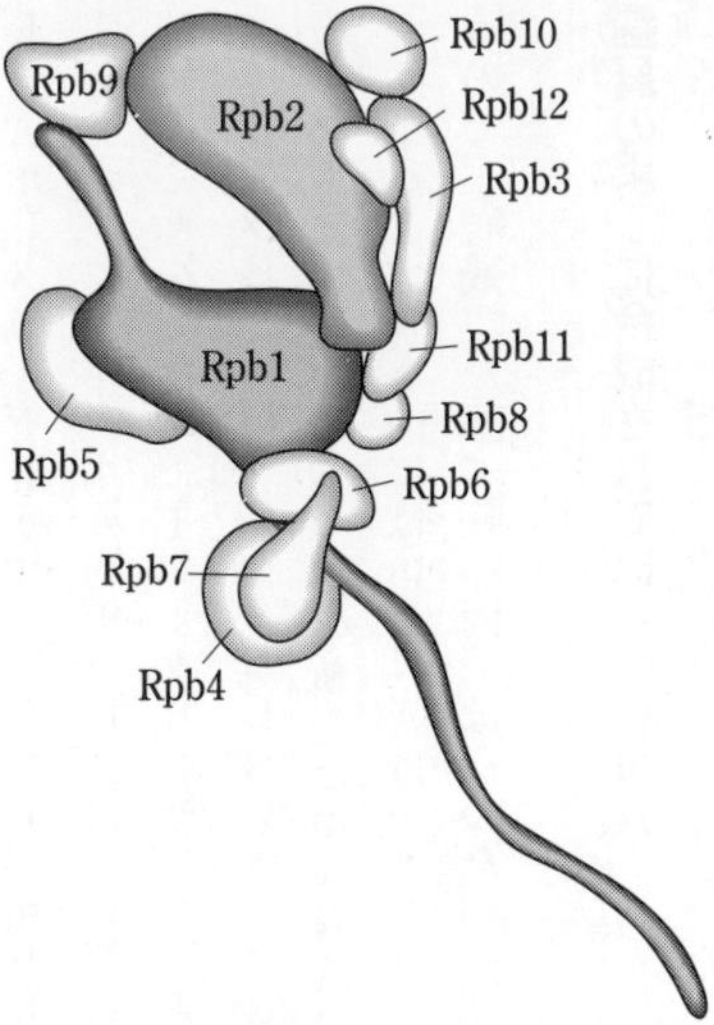

図7　RNAポリメラーゼⅡのサブユニット

一二種類のうち、この最大の「Rpb1」と、二番目に大きな「Rpb2」は、他の一〇種類に比べてきわめて大きく（この二種類だけで大きさの六五％を占める）、酵素としてのRNAポリメラーゼⅡの基幹部分を形成している。

さて、プロモーター上に基本転写因子と

RNAポリメラーゼⅡがすべて集合し、mRNAの合成準備が整うと、いよいよRNAポリメラーゼⅡがプロモーターから解き放たれ、mRNA合成を開始する。このRNAポリメラーゼⅡの解放のことを「プロモータークリアランス」と呼ぶ。このとき、基本転写因子「TFⅡF」はRNAポリメラーゼⅡと行動を共にするが、その他の因子は転写開始複合体から解離あるいはプロモーターに居残って、つぎの新たなmRNA合成のために待機する(27ページ図5)。一度転写が始まると、基本的にはmRNAは一本だけではなくあとからあとからつぎつぎに合成されていくので、居残った基本転写因子はそのためにリサイクル利用されるというわけだ。

鉋屑《かんなくず》のように合成されていくmRNA

「酒は百薬の長」とは、酒も適度にたしなめば、どんな薬よりも健康にいいという意味で、もともとは古代中国の『漢書』「食貨志」にある言葉である。

かたや、「酒は命を削る鉋《かんな》」などとも呼ばれる。酒の飲み過ぎは肝臓に対する極度な負担となり、やがては寿命も短くしてしまうし、大酒をくらって泥酔すれば、どんな事件や事故に巻き込まれないとも限らない。

もっとも、これらの言葉は、いまの時代にあまり聞かれることもなく、なんとなく「いまは昔」の感がある。

なんの話かと思われるだろうが、ここでは酒ではなく、「鉋」に注目していただきたい。鉋は木工用の道具であり、木材の表面を平滑に削る刃物のことだ。堅い木でできた「鉋台」と、そこに挿入された刃からできている。

腕のいい人間が鉋を使うと、木材の表面を薄く削ると同時に、削られた薄い鉋屑が、鉋の刃の隙間からするするっと出てくる。

DNAからmRNAができるコピーのやりかたは、この鉋の削り方とひじょうによく似ている。もちろん、鉋はただ木材を削っていくだけであり、木材のコピーを作っていくわけではない。ただただ木材の上を鉋がすべって鉋屑ができるように、DNAの上をコピー機であるRNAポリメラーゼⅡがすべってmRNAができあがるのだ（図8）。

さて、RNAポリメラーゼⅡの二つのサブユニット、Rpb1とRpb2の間には、「クレフト（裂け目）」と呼ばれる空洞がある。ここに、TFⅡHによって二本鎖から一本鎖に解きほぐされたDNAがはまり込むようにして結合する（図8）。いうなれば、Rpb1とRpb2で、一本鎖DNAを挟み込むといった感じだ。

挟み込まれたDNAは、RNAポリメラーゼⅡのクレフトの壁にぶつかり、そのまま折れ曲がる格好となる。

このクレフトの奥あたりに、一本鎖DNAを鋳型として、またリボヌクレオチド（19ページ参

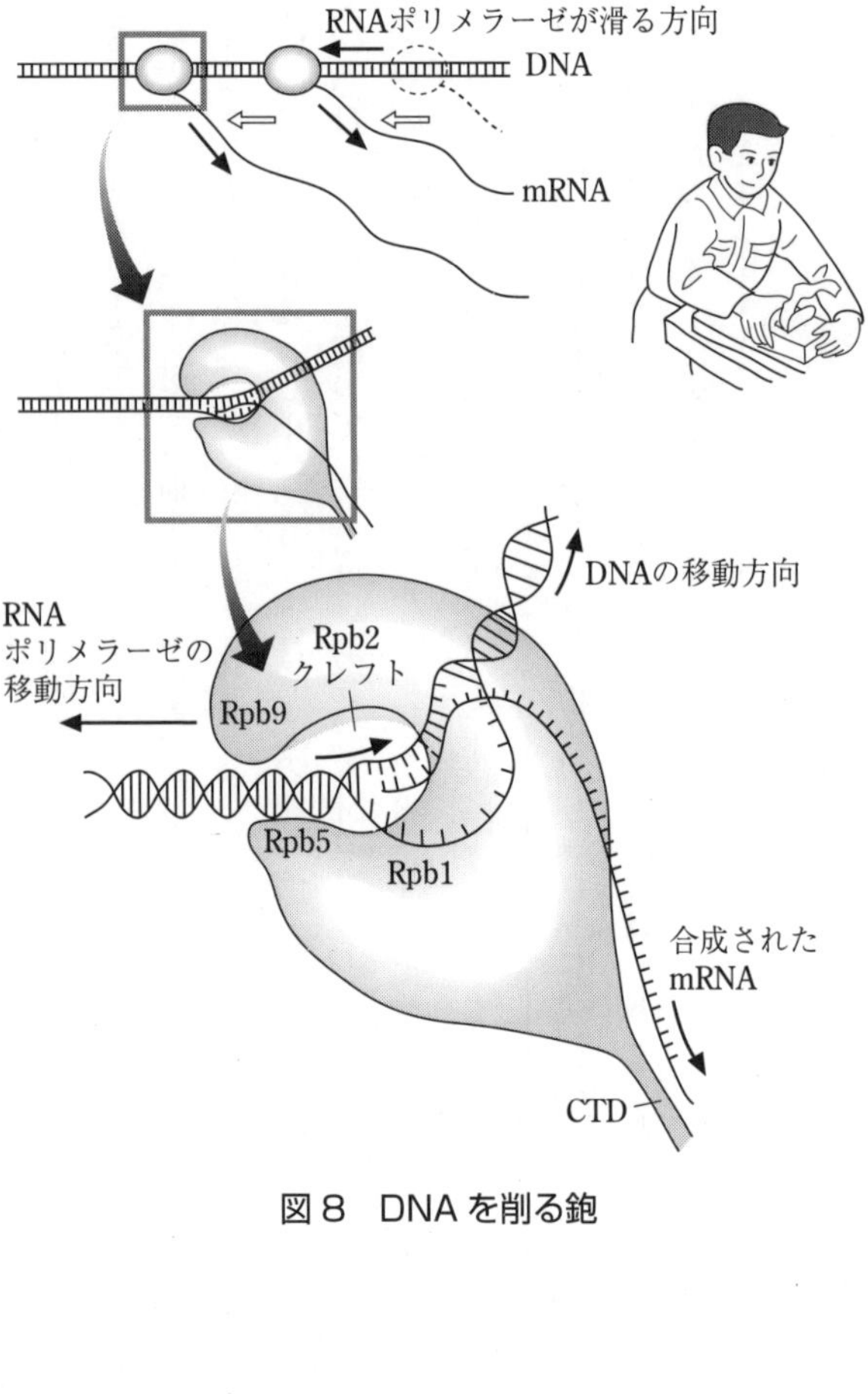
RNAポリメラーゼが滑る方向
DNA
mRNA
DNAの移動方向
RNA
ポリメラーゼの
移動方向
Rpb2
クレフト
Rpb9
Rpb5
Rpb1
合成された
mRNA
CTD

図８　DNAを削る鉋

照）を材料としてmRNAを合成する活性の中心があり、RNAポリメラーゼⅡ全体が滑るように動いて、mRNAを合成する。

DNAが折れ曲がる方向とは逆の方向に、Rpb1のC末端側の領域（CTD：carboxy-terminal domain）が、長く尻尾を伸ばすように垂れ下がっている（図7、図8）。このCTDの方向に、転写されたmRNAがどんどん伸びていく。（CTDと転写されたmRNAの関係についてはつぎの節で詳しく述べる。）

図8を見ていただけると、まさしく木材（DNA）の上を鉋（RNAポリメラーゼⅡ）が滑り、長い鉋屑（mRNA）ができあがる様子がおわかりいただけるであろう。

このmRNA合成途上——転写伸長過程——では、RNAポリメラーゼⅡ以外にもさまざまなタンパク質が関与し、円滑なmRNA合成がおこなわれるようコントロールしていることが知られている。

第二節　タグを付けられるｍＲＮＡ　～旅のはじまり～

注文の多い料理店

独特の文体でファンタジー世界を描いた作家・宮沢賢治の数多い名作の一つに、『注文の多い料理店』という短編がある。

ある山にハンティングにでかけ、道に迷った二人のイギリス風の紳士が、「山猫軒」という表札のかかった西洋料理店を見つける。腹が空いていた二人はなかに入るが、店のなかにはたくさんのドアがあって、いちいちそれを通り抜けなければならない。そしてさらに面倒くさいことに、ドアそれぞれにいろんな注意書きが貼られている。

「ここで髪をきちんとして、それからはきものの泥を落としてください」

「鉄砲と弾丸をここへ置いてください」

「金物類、ことにとがったものは、みんなここに置いてください」

「クリームを顔や手足にすっかり塗ってください」

「頭にびんの中の香水をよく振りかけてください」

「からだじゅうに、壺の中の塩をたくさんよくもみ込んでください」

二人の紳士は不審に思いながらも注文どおりにするが、最後の「塩」でようやく真意を知る。

そしてがたがた震える二人への最後の注文は、

「さあさあおなかへおはいりください」


この『注文の多い料理店』のおかしさは、二人の紳士がそれと知らず、山猫の注文どおりに身繕いをし、身なりを徐々に整えていくところにある。いってみれば、料理のための「下ごしらえ」だ。下ごしらえの重要さは、料理の蘊蓄《うんちく》を知らない筆者でさえ、なんとなく理解できる。

これと同様のことが、じつはミクロの世界でもおこなわれているのである。

コピーされたｍＲＮＡは、ＤＮＡから受け取った遺伝情報をタンパク質へ翻訳させるまでのあいだに、いくつもの注文を受けるのだ。それらの注文を無難にこなしたあと、晴れてタンパク質合成装置リボソームへと到達することができる。つまり、コピーされたてのｍＲＮＡはいってみれば下ごしらえがなされていない生材料なのである。これを正式には「ｍＲＮＡ前駆体」と呼ぶことはすでに21ページで述べたとおりである。

ｍＲＮＡが受けなければならない注文

ここで、その注文の数々を、山猫軒の主《ぬし》たる山猫に代弁してもらうことにしよう。

ＲＮＡポリメラーゼⅡによってコピーされたｍＲＮＡは、まずコピーされたそばから三つほど注文を受ける。

「頭に帽子をかぶってください」

「コピーされたなかで、いらない断片を切り取って捨ててください」

「お尻に尻尾を付けてください」

その後ｍＲＮＡは、細胞質にあるタンパク質合成装置「リボソーム」へと到着するまでの間に、つぎの注文を受ける。

「あなたの遺伝情報を少し変えさせていただきますので、おとなしくしてください」

「あなたが正しい遺伝情報をもっているかどうかの検査を受けてください」

これらの注文を無事クリアできたｍＲＮＡだけが、「リボソーム」へと到着し、晴れてタンパク質合成の鋳型となることができるのだ。

それではそれぞれのステップの、現在までにわかっているそのしくみについて、順番にお話ししていくことにしよう。

RNAポリメラーゼⅡのC末端ドメイン（CTD）

人間には尻尾というものがない。もっとも、母親の子宮内で発生している段階では、一時期尻尾のような構造が出てくるが、それもすぐに消えてしまう。

小さいころ、猫や犬などの身近な動物たちが尻尾をもっていることを不思議に思い、かつそれに憧れたことを思い出した。犬が尻尾を左右にゆさゆさと振るあの仕草に目をみはり、自分にも長い尻尾があればいいのにと思うことがしばしばだった。ときには友達と、布でこしらえた尻尾をズボンにピンで留め、遊んだこともある。

うらやましいことに、RNAポリメラーゼⅡにはきわめて長ーい尻尾が存在し、その尻尾のうえでいろいろな現象が起こることが知られている。

その長い尻尾こそ、第一節でちらりと述べたCTD領域なのだ。RNAポリメラーゼⅡはたくさんのサブユニットからなる複合体であるが、このCTDは、「Rpb1」と呼ばれるサブユニットのC末端ドメインでありRNAポリメラーゼⅡの直径の数倍から十数倍もの長さで、あたかも尻尾のように長く飛び出ているのである。

CTDは、七個のアミノ酸の配列「YSPTSPS」が数十回も繰り返して存在しているという、ひじょうに珍しい構造をしている。ヒトの場合、その繰り返しの回数は五二回である（ショウジョウバエでは四三回、出芽酵母では二六回、シロイヌナズナでは四一回程度繰り返してい

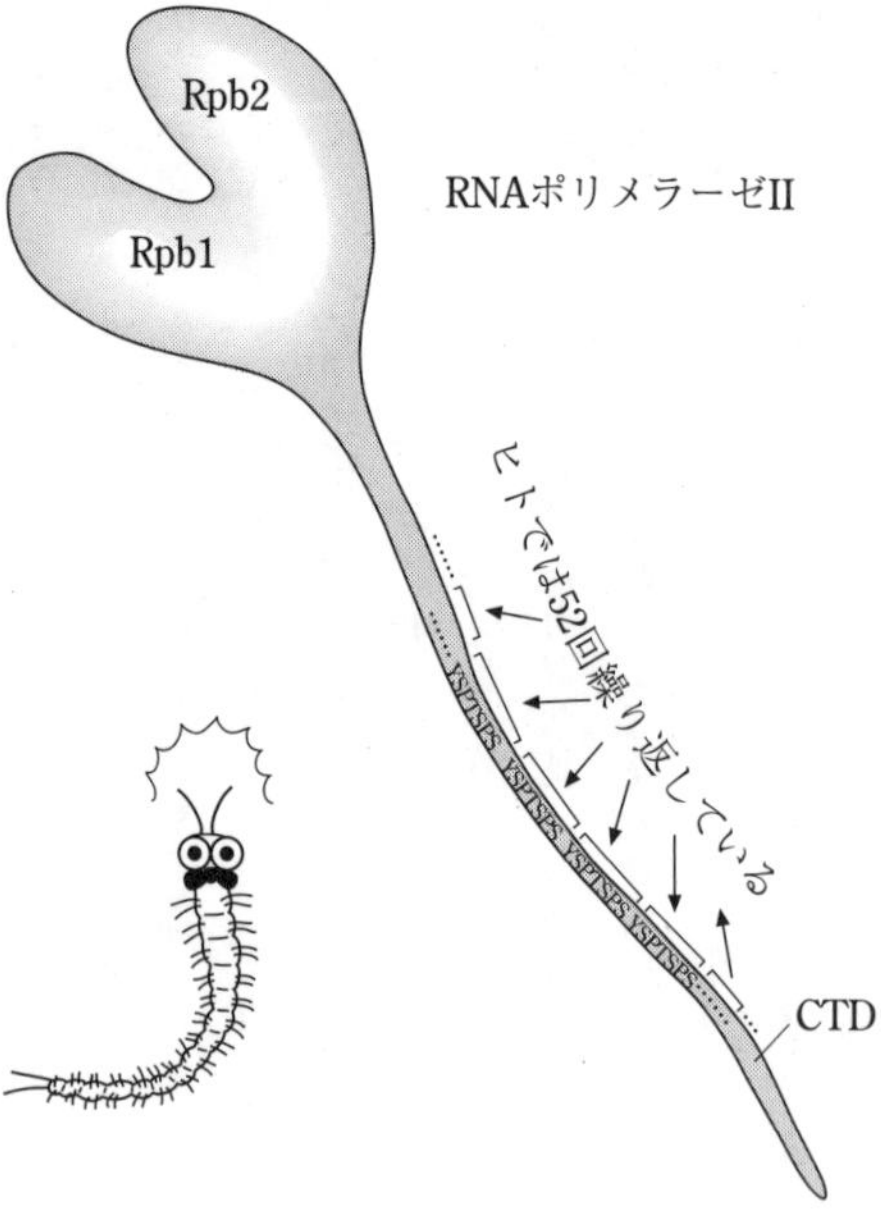

図9「コピー機」の尻尾

る）（図9）。正確にいうと、完全に同じ「YSPTSPS」が繰り返されているわけではなく、ところどころで「S（セリン）」が「T（トレオニン）」になったり、「P（プロリン）」が「A（アラニン）」になったりしている。

そしてこの長い尻尾こそ、『注文の多い料理店』での最初の三つの注文の「場」だったのだ。この場所で、mRNAは「頭に帽子をかぶらされたり」、「いらない断片を切り捨てられたり」、「お尻に尻尾をくっつけられたり」するのであった。

注文一「頭に帽子をかぶってください」

帽子をかぶるのは、何も燦々と降り注ぐ太陽光と有害な紫外線から頭を守るためだけとは限らない。私たち人間にとって、帽子は実用的な意味よりもむしろ、ファッションとして、また宗教的、呪術的な意味をより多くもつようになっている。

小学生だったときの運動会などを思い出していただきたい。赤組と白組に分かれるとき、ほぼ例外なく赤と白の布で表裏両面が覆われたキャップをかぶり、それで組分けをしていたではないか。帽子は、遠くからでもわかる目印でもあったわけである。

RNAポリメラーゼⅡにより転写されたmRNAがまず最初に受けなければならない注文は、その5′末端に「キャップ」を付けることだ。

5′末端とは何か。

すでに述べたように、DNAやRNAには、方向性というものがある。

DNAやRNAの材料であるヌクレオチドは、リン酸、糖、塩基という三つの部分からなり、これが長くつながるとき、一つのヌクレオチドの糖につぎのヌクレオチドのリン酸が結合するという方法で、これが何回も何回も繰り返されて長い鎖ができあがる（図10右上）。

この時、長く伸びたDNA鎖の末端、つまり端っこのヌクレオチドのリン酸が突出している側を5′、その反対側を3′末端と呼ぶのである（図10右上）。この「5」と「3」という数字は、炭素原子に付けられた番号に由来するのだが、詳しいことは成書を参照していただくことにして、話を進めよう。

この5′末端に付けられる帽子（キャップ）の正体は、ヌクレオチドの一種であるグアニンヌクレオチドにメチル基（－CH_3）が一個結合したもの（7－メチルグアニル酸）である。これがmRNAに付加されるのは、RNAポリメラーゼⅡによって二五塩基分程度が合成されたころであ

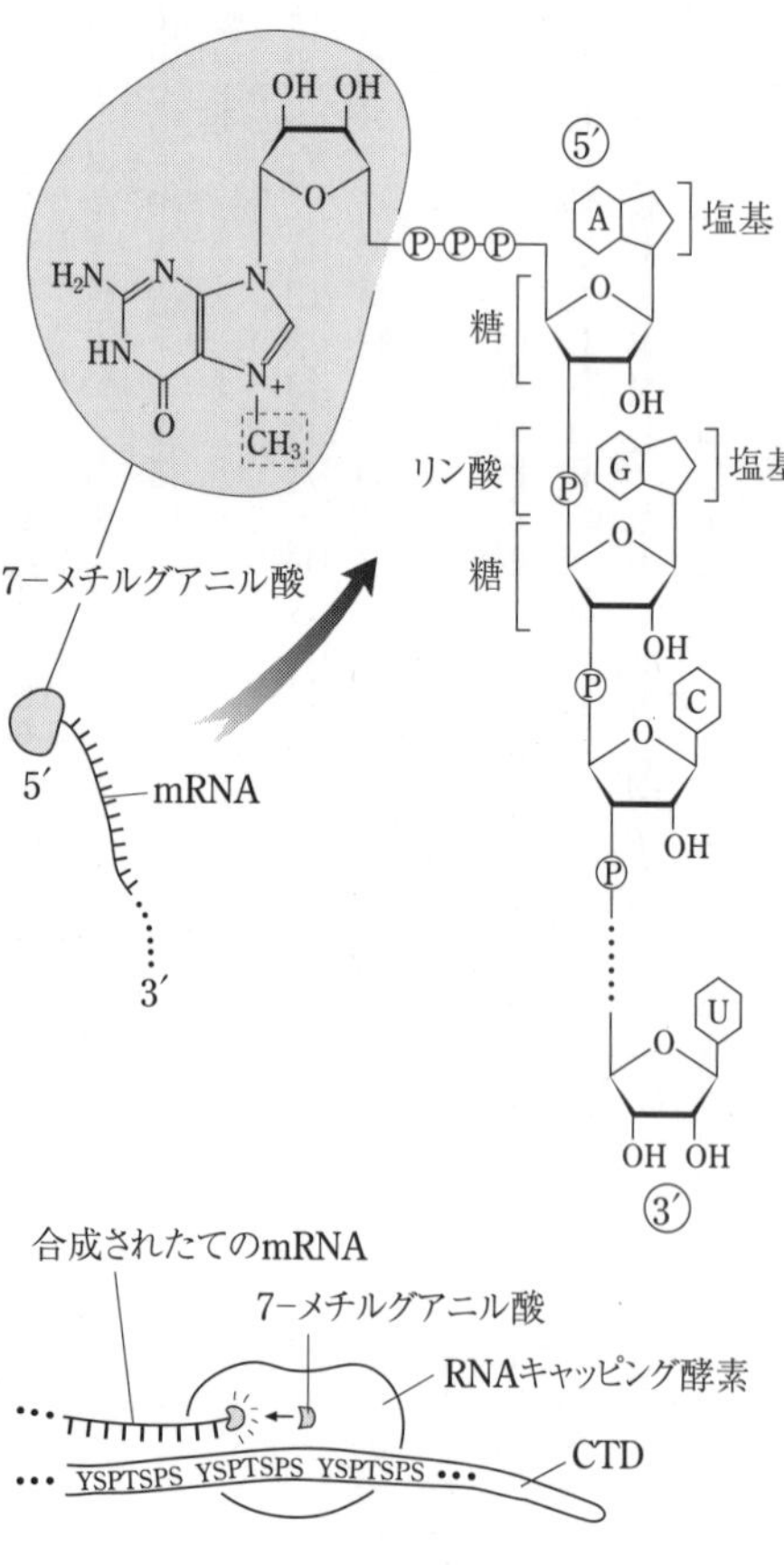

図 10　帽子の正体

る。たとえばヒトでは、合成されるmＲＮＡ（mＲＮＡ前駆体）の典型的な長さは数万塩基にもおよぶため、その5′末端にキャップが付けられたときは、mＲＮＡの合成はまだまだ続いている状態だ。

キャップをかぶせるのは「ＲＮＡキャッピング酵素」であり、これがＲＮＡポリメラーゼⅡの尻尾であるＣＴＤに結合している（図10下）。

このキャップ、ＲＮＡポリメラーゼⅡによって転写されたＲＮＡ（mＲＮＡ）にのみ付けられ、ＲＮＡポリメラーゼⅠやＲＮＡポリメラーゼⅢにより合成されたＲＮＡ（その他、タンパク質へ翻訳されないＲＮＡ）には付けられていないので、「私はmＲＮＡですよ～」ということを示す「旗印」のような役割をはたしていると考えられる。まさに、白組の子供が、「ぼくは白組だよ～」ということを示すために白帽をかぶるようなものであろう。この「旗印」によって、mＲＮＡは酵素による分解をまぬかれたり、細胞質へ旅立つ手助けを受けたりするのである。

注文二「いらない断片を削除してください」～スプライシング～

細胞のなかに核がある「真核生物」では、個々の遺伝子は細菌などの原核生物とは違い、たくさんの「断片」に分散して存在していることが知られている。

この遺伝子の断片のことを「エクソン」と呼び、断片と断片の間にあるタ、ン、パ、ク、質、の情報がな、い部分のことを「イントロン」と呼ぶ。

私たちヒトの場合、全DNAのうち遺伝子はおよそ二％程度にすぎないので、遺伝子そのものもDNA上に散らばって存在しているわけだが、それにくわえ、それぞれの遺伝子もさらにいくつかの断片に分かれているのである。

かといって、横断歩道のシマウマ模様のように、等間隔でエクソンとイントロンが並んでいるというわけではない。どちらかといえばイントロンという大海原のなかに、エクソンという島が点在しているといった感じにとらえていただければよいだろう（図11）。たとえば、「せいめいのせんとらるどぐま（生命のセントラルドグマ）」という遺伝子があったとする。実際には断片化されて、その間に意味のない――タンパク質の情報がない――配列が

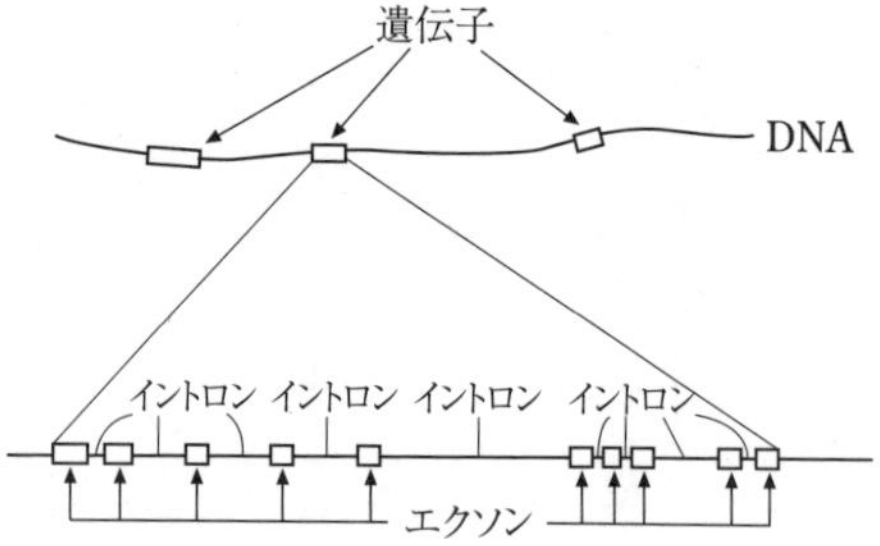

図11　エクソンとイントロン

挿入されて、「**せ**けふぉ**い**ばぢじゅ**め**ぬ**い**めてぢ**の**ふいおきふ**せ**ふふふ**ん**うじぇぃ**と**づきば**ら**ふヴぃぞう**る**くいでん**ど**ぉ**ぐ**のいあはあは**ま**」という具合になっているのだ！

ヒトの遺伝子には平均して九個のエクソンがあるといわれる。もっともエクソン数が多い遺伝子は「タイチン」と呼ばれる細胞骨格タンパク質で、三六三個のエクソンからなる。これに対し

て、ミトコンドリアがもっている遺伝子、あるいはヒストンなどの比較的小さな遺伝子は、一個のエクソンからなるだけであり、したがってイントロンをもたない。

いっぽう、その長さであるが、イントロンの平均長が数千塩基であるのに対し、エクソンの平均長は、百数十塩基程度しかないという。もちろんエクソンの長さもさまざまで、数千塩基におよぶものから、一〇塩基に満たないものまで存在する。

DNA上の遺伝子はこのような状態になっているので、最初にmRNAが転写されたときは、エクソンとイントロンが混在し、しかもその九五％はイントロンであるという、いっけんして無駄な長いコピーができることになる。このままでは具合が悪いので、遺伝情報が存在していないイントロン部分を切り出し、エクソン同士をつなげる必要がでてくる。このステップを「スプライシング」と呼び、これが第二の注文となるわけだ。

このスプライシング、ひじょうにややこしいけれども、きわめて興味深いメカニズムなので、少し詳しくご紹介することにしよう。

さよならラリアット

イントロンの塩基配列には、ある共通した特徴がある。mRNAにコピーされたイントロンの5′末端にはGUという二つの塩基が並んでおり、そして3′末端にはAGという塩基が並んで存在

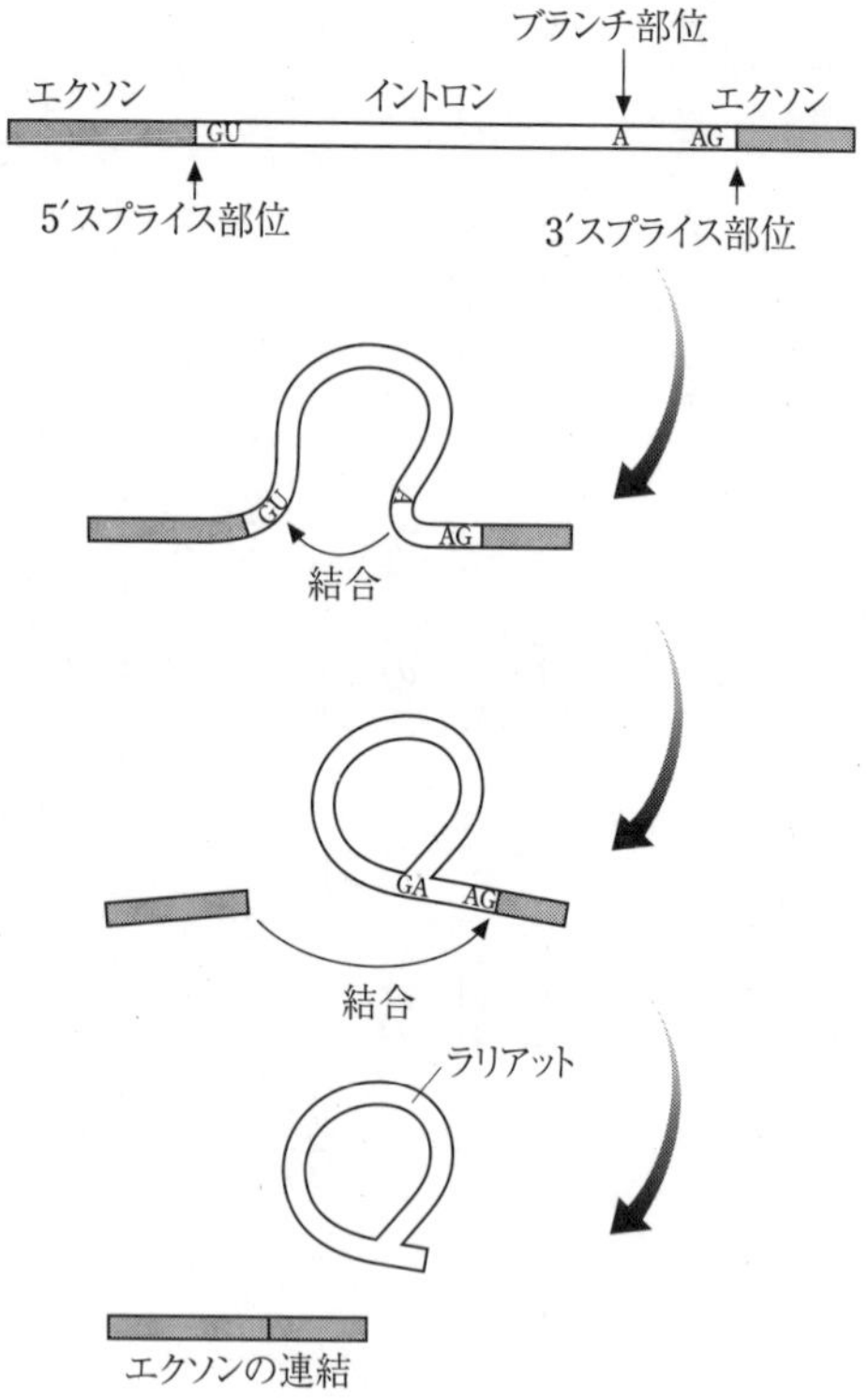

図12　イントロンの「ラリアット」化

している（図12）。これらをそれぞれ「5′スプライス部位」、「3′スプライス部位」と呼ぶ。つまりそれぞれのイントロンは、「GU……AG」という形になっているわけだ。これは、酵母からヒトまで、おそらくすべての真核生物における共通の塩基配列である——前述したように、原核生物にはイントロンは存在しない——。

さらに、3′スプライス部位に近いイントロン内には「ブランチ部位（枝分かれ部位）」と呼ばれるところ（たとえば出芽酵母ではUACUAACという塩基配列）がある。この部位の、後ろから二番目にある「A」が、スプライシングにひじょうに重要な役割をはたしている。

スプライシングの最初のステップは、5′スプライス部位が切断されて、末端の「G」がブランチ部位にある「A」と「ホスホジエステル結合」と呼ばれる結合によってつながることである——相補的に結合するのではなく、横につながるように結合する——。このとき、片側（5′側）だけが切断されたイントロンが、まるでループを形成するような感じでぐっとたぐり寄せられる。このループ、まるで「投げ縄」のように見えることから、「ラリアット」と呼ばれている（図12）。

そしてつぎのステップで、ラリアット型イントロンの3′スプライス部位が切断され、エクソン同士が連結されるのである。

取り外されたラリアットにはそのまま、べつに誰かを捕獲するわけでもなく、細胞核のなかで分解される運命が待ち受けている。なぜ分解されるのかといえば、それはやはり、イントロンはタンパク質の設計図としては要らない部分だからにほかならない。

スプライソソームの話

ところで、ラリアットといえども、自発的に生じるわけではないし、エクソン同士の連結も自然に生じるわけではない。釣り糸やタコ糸を扱っていて、いつの間にかこんがらがってラリアッ

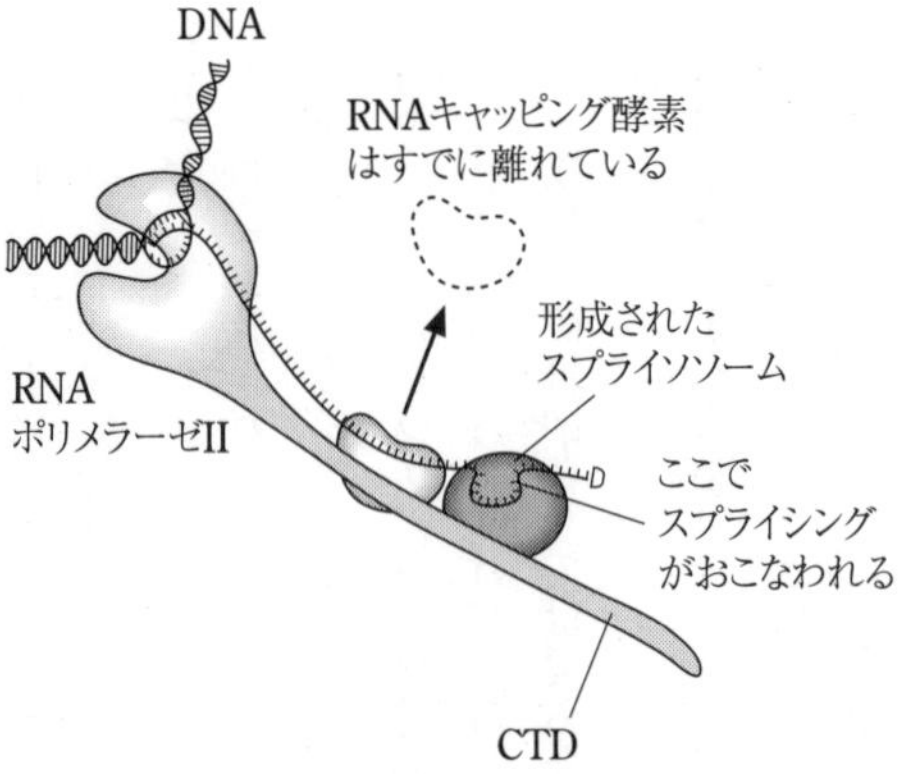

図13　スプライソソーム

ト状態になることはあるが、スプライシングというきわめてデリケートな反応では、きちんとしたコントロールのもとでラリアットが作られる必要があろう。

　ほとんどのスプライシングは、「スプライソソーム」と呼ばれる巨大な物体によっておこなわれていると考えられている。mRNAのスプライソソームはRNAポリメラーゼIIのCTD上に、その構成因子を介して形成される（図13）。

　スプライシングを受けるmRNAは一本鎖なので、表にA、U、C、Gの塩基が露出した状態になっている。ここで、19ページで述べたように、塩基にはそれぞれ「相補的」にペアを作れる塩基があり、AとU、GとCが水素結合を介してぴたりと――あたかもマジックテープのように――くっつく性質をもっていることを思い出していただきたい。

　スプライソソームは、タンパク質とRNA（mRNAとはべつの、もっと短いRNA）の巨大な複合体だ。

このスプライソームのなかのＲＮＡ――「核内低分子ＲＮＡ（small nuclear RNA）：略してｓｎＲＮＡ」と呼ばれる一〇〇から二〇〇塩基程度の短いＲＮＡ――は、イントロンの両端をつかみ取るような役割をする。

つまりｓｎＲＮＡは、イントロンの両端にある5′スプライス部位と3′スプライス部位を、相補的な性質を利用してマジックテープのようにつかみ取り、二つのエクソンをつなぎ合わせて「ラリアット」を作るのである。

実際にはｓｎＲＮＡは、六〜一〇種類のタンパク質と結合して、「核内低分子リボ核タンパク質粒子（ｓｎＲＮＰ）」と呼ばれる複合体を作っており、それにはＵ1、Ｕ2、Ｕ4、Ｕ5、Ｕ6という五種類のものがある。

まず、Ｕ1が5′スプライス部位に、Ｕ2がブランチ部位に結合する。つぎにこの二つのｓｎＲＮＰがＵ4／Ｕ5／Ｕ6複合体を仲立ちにするかのようにしてぐっと近寄り、ここでいわゆる「スプライソーム」が形成される。これが、マジックテープのようにイントロンの両端をつかみ取って、ぐっと引き寄せた状態だ。その後5′スプライス部位とブランチ部位が結合し、続いて3′スプライス部位が切断されて二つのエクソンが連結されるのである（図14）。

このように、スプライシングというのはイントロンを除去するメカニズムではあるが、最近は

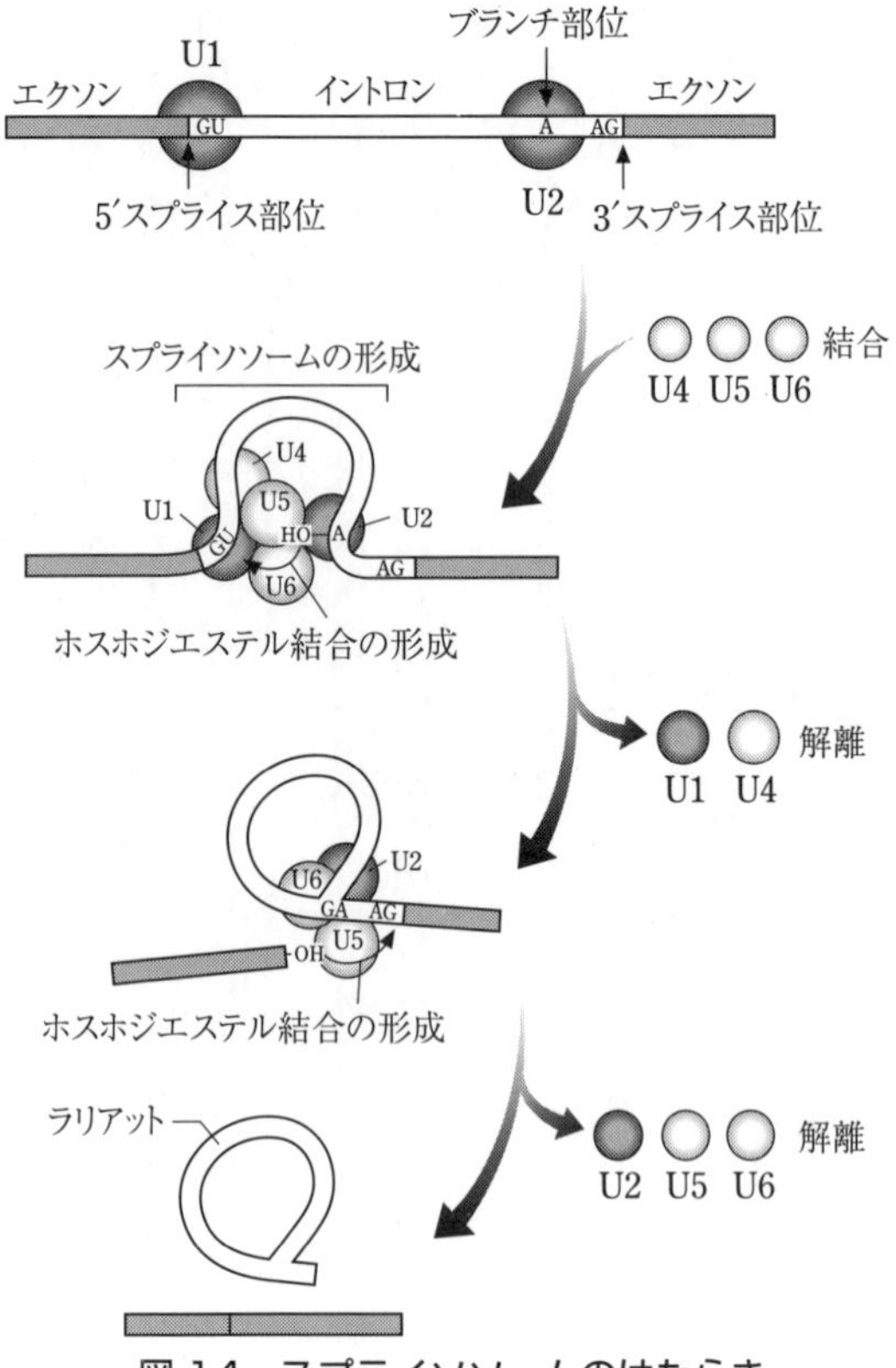

図 14　スプライソソームのはたらき

それだけに留まらない、さまざまな〝目的〟が存在することが明らかになりつつある。スプライシングは、じつはmRNAの「品質管理機構」をはじめとする、遺伝子の正確な発現を期すための重要なメカニズムではないかと考えられはじめているのである。

　が、この「品質管理機構」については

またのちほど第三章でお話しするとして、ここではとりあえずつぎの〝注文〟へと話を続けることにしよう。

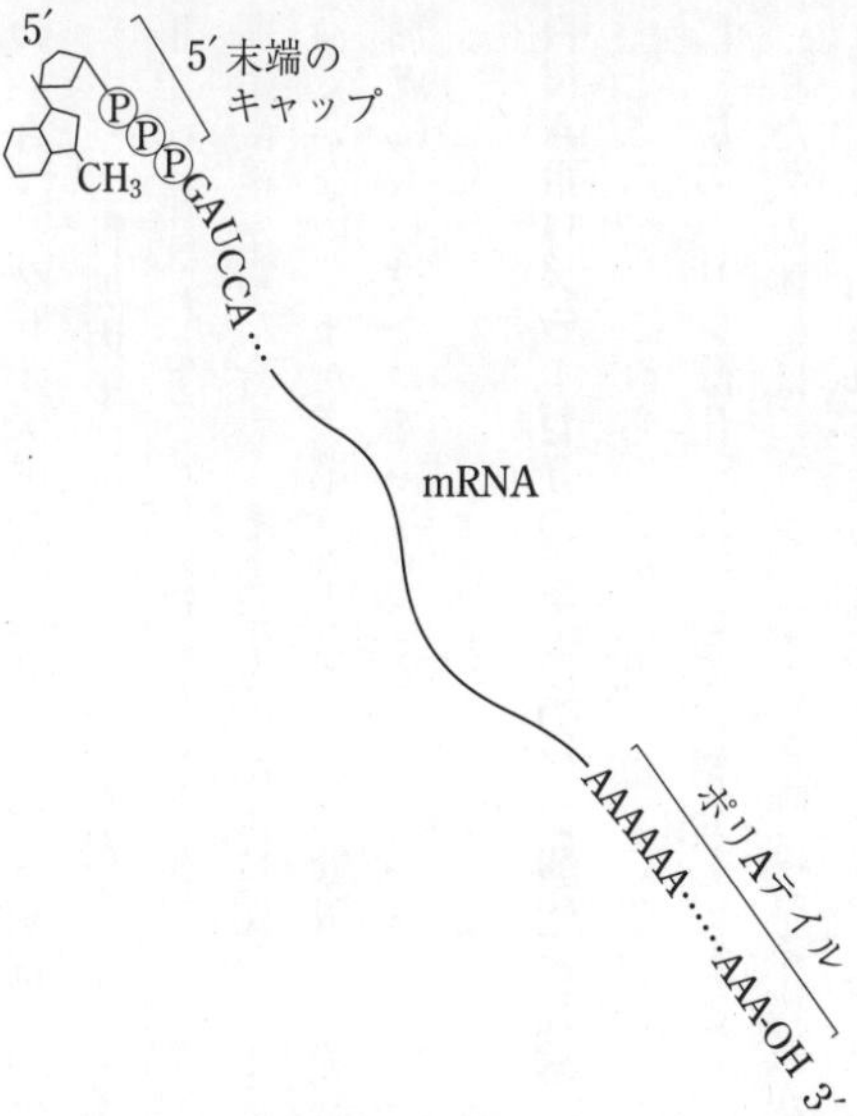

図15　ポリAテイル

注文三「お尻に尻尾を付けてください」

ｍＲＮＡに共通の構造として、「注文一」で述べたキャップ構造以外に、3′末端に付けられる「尻尾」があることが知られている。「ポリＡテイル（テイル：尻尾）」と呼ばれているこの尾は、その名のとおり、塩基「Ａ」をもつヌクレオチドがたくさん連続してつながったものだ。

ポリＡテイルは、やはりＲＮＡポリメラーゼⅡのＣＴＤ上に結合した「ポリＡ付加因子」と呼ばれる酵素によって付加される。この酵素は平均して約二〇〇個の「A」ヌクレオチドを、mRNAの3′末端につけていく（図15）。

ポリA付加因子によって合成されたポリAテイルには、「ポリA結合タンパク質（PABPⅡ）」と呼ばれるタンパク質がたくさん結合している。このタンパク質は、ポリAテイルの合成開始直後から結合し、その長さの制御に関わっていると考えられているが、詳細は明らかにはなっていない。また、第三章で述べるmRNAと複数のリボソームの複合体「ポリソーム構造」の形成にも一役かっていると考えられている。

RNAポリメラーゼⅡのCTDのリン酸化と転写

ところで、これら三つの注文には、CTDの「リン酸化」が重要な役割をになっている。最後に、この「リン酸化」についてご紹介しておこう。

私たちの体には「リン（燐）」と呼ばれる物質が含まれており、原子記号は「P」であらわされる。よく知られているのは、骨にリンが大量に含まれるということであろう。一説によれば、墓場に飛ぶヒトダマは、かつて土葬が一般的におこなわれていたころ、墓の下の骨からリンが空中に飛び出て、それがあやしく燃えるものだったという。

余談はともかくとして、実際の生体内では、リンは酸素原子と水素原子が結合し、酸性を帯びた「リン酸」の形で存在しているのがほとんどである。これにカルシウム原子が結合して「リン酸カルシウム」になると、骨の重要な構成成分となるわけだが、そのほかにもリン酸は体のいたるところに存在し、重要な機能をになっていることが知られている。

そのうちの一つが、「タンパク質リン酸化反応」である。これは、タンパク質中のあるアミノ酸に、リン酸が結合する反応のことをいう。

細胞が増殖したり分化したりする際に必要な細胞内タンパク質のなかには、リン酸化されてはじめて活性が出るものや、活性が失われるものがきわめて多い。それは、タンパク質はリン酸化を受けるとその部分の――もしくはその周辺の、そしてときにはタンパク質全体の――構造が変化するためだ。いってみれば、こうしたタンパク質の機能はリン酸化反応によってコントロールされているのである。この「リン酸化によるコントロール」により、細胞は増殖したり、分化して機能を発揮したりすることができるというわけだ。

ＲＮＡポリメラーゼⅡのＣ末端ドメイン（ＣＴＤ）には、ヒトで五二回も繰り返す七つのアミノ酸配列（ＹＳＰＴＳＰＳ）のそれぞれに二ヵ所ずつ、計百数個もの「リン酸化」を受ける部分が存在している。

このうち、二番目のセリン（Ｓ）と五番目のセリンがリン酸化と脱リン酸化を繰り返すことで、時々刻々とＣＴＤの構造が変化し、キャッピング酵素やスプライソームなどが結合したり離れたりすると考えられている。

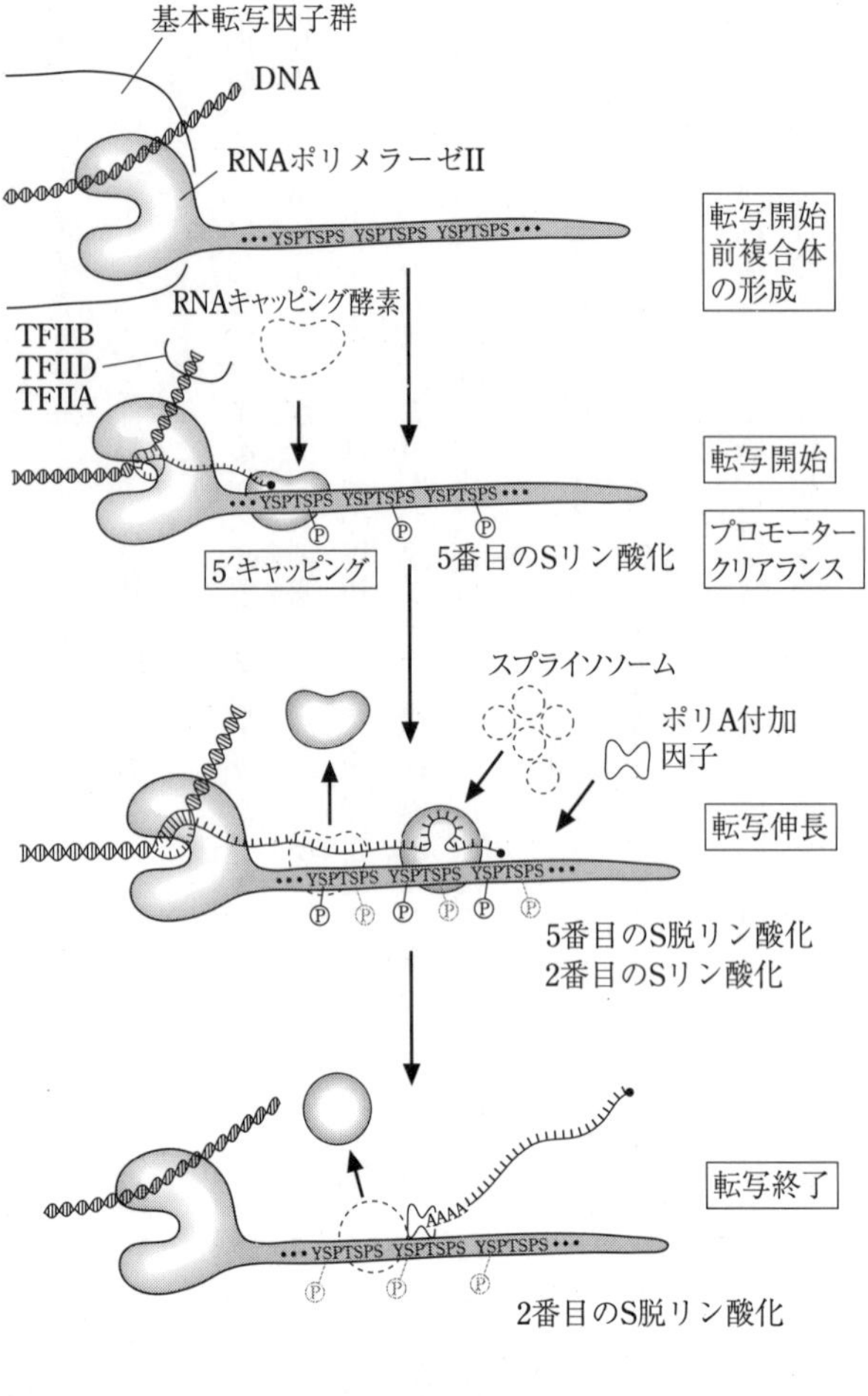

図 16　CTD のリン酸化と mRNA の合成

RNAポリメラーゼⅡが一個のmRNAを合成するステップは、以下の四つの段階に分けることができる（図16）。
①転写開始前複合体の形成（プロモーターへの基本転写因子の集合）
②転写開始とプロモータークリアランス（RNAポリメラーゼⅡによるmRNA合成開始とプロモーターのリセット）
③転写伸長（mRNA合成）
④転写終了
ただし、転写開始とプロモータークリアランスはべつの現象なので、専門的には五つの段階に分けることもできる。

セリンのリン酸化はこのうち特定の時期に起こることが知られている。まず、「YSPTSPS」それぞれの五番目のセリンが転写開始後、プロモータークリアランスの時期をピークとしてリン酸化される。この時期にRNAキャッピング酵素（45ページ）がCTDに結合し、合成されはじめた初期のmRNAに7－メチルグアニル酸の帽子をかぶせる。その後、転写が伸長していくにしたがってこのセリンは脱リン酸化される（図16）。

つぎに、それに置きかわるようにして、転写が伸長していくにしたがって「YSPTSPS」それぞれの二番目のセリンのリン酸化がピークを迎える。これにスプライソソームとポリA付加因子が結合し、スプライシングならびにポリAの尻尾の付加をおこなう。そして転写終了の時期に脱リン酸化され、スプライソソームとポリA付加因子はCTDから離れるのである（図16）。

CTDのリン酸化反応は、しかしながらその全貌が解明されているわけではなく、むしろまだわからないことのほうが多い。

たとえば、二番目のセリンと五番目のセリンだけではなく、一番目のチロシン（Y）がリン酸化されるという報告もあるし、またリン酸化によるCTDの構造変化についても、実際にどのような変化が起こることでRNAキャッピング酵素やスプライソソームが結合したり離れたりするかについても、未知の部分が多い。ヒトで五二個もある「YSPTSPS」のすべてが、同時に同じようにリン酸化・脱リン酸化を起こすわけでもなさそうだ。

これからどのような実験データが出され、どのようなモデルが提唱されていくか、ひじょうに興味のある分野である。

さて、このような複雑な過程を経て合成されるmRNA。鋳型であるDNA上の遺伝子の塩基配列にきわめて忠実に、そして正確に合成されて、さらに帽子と尻尾を付けられたうえに、いらない断片を削除され、すっきりした状態で細胞質へ行ってリボソームと出合えば、すぐにでもタンパク質の合成をスタートさせることができる……はずであった。

しかしながらmRNAは、徳川家康の家来、村越茂助ほど、一字一句間違えずに相手にメッセージを伝えるような愚直な分子ではない、ということがだんだんわかってきた。つまり、mRNAには、DNAの塩基配列をそのまま素直にはリボソームへと伝えないようなからくりが存在していたのである。

そのからくりについて、次章で詳しくご紹介することにしよう。

コラム1　逆転写酵素の発見　〜セントラルドグマへの反逆〜

DNA上の遺伝情報がRNA（mRNA）にコピーされ、それがリボソーム上でタンパク質に翻訳される。

このドグマは、適応範囲を狭めれば、ほぼ完全なる法則となるはずであった。たとえば私たち人間の細胞では、おそらくつねにそうであろうと考えられている（少なくとも現時点では）。

単細胞生物から多細胞生物、原核生物から真核生物、植物から動物、そして水生生物から陸生生物と、かくも多種多様な生物が生きていると、必ずなんらかの例外が生まれるものである。

当然、セントラルドグマにも例外というものがあらわれた。

ＤＮＡを鋳型にしてＲＮＡを合成するという通常の流れに逆行したかのように、なんとＲＮＡを鋳型にしてＤＮＡを合成するという現象が発見されたのである（図17）。

このセントラルドグマへの最初の反逆の発見には、日本人研究者がかかわっている。

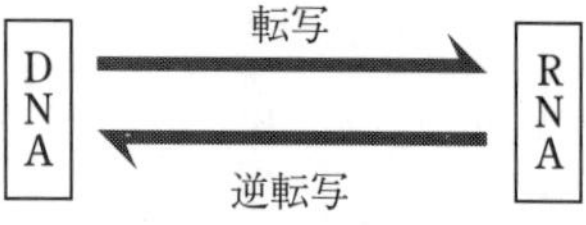

図 17　転写と逆転写

セントラルドグマにのっとらない情報伝達の報告は、一九七〇年の英科学誌『ネイチャー』誌上においてであった。ハワード・テミンと、その指導の下で実験をしていた日本人科学者水谷哲は、まだ一九六〇年代のまさにガチガチの「教義」であったセントラルドグマに真っ向から対立する現象を見つけ出した。それが、今日「逆転写酵素」として知られる、ＲＮＡを鋳型としてＤＮＡを作り出す酵素の発見であった。

「レトロウイルス」と呼ばれるＲＮＡを遺伝子としてもつウイルスから発見された逆転写酵素は、ＤＮＡを作り出す、すなわちＤＮＡを合成する酵素であるから、分類としてはＤＮＡポリメラーゼの仲間である。

レトロウイルスは、感染した宿主の細胞のなかでこの逆転写酵素を使い、自身のRNAからDNAを合成し、これを宿主のDNAに組み込んでしまうのである。エイズウイルスなどはこの仲間だ。

いっぽう、この逆転写酵素は、RNAからDNAを作り出すことができるため、どのような遺伝子が実際に細胞内ではたらいているかを、mRNAを鋳型としてDNAを合成し、そのDNAを調べることで解析する研究に、大いに役に立っている。

この発見によってテミンと、もう一つの研究グループのボスであったデイヴィッド・ボルティモアは、一九七五年にノーベル生理学医学賞を受賞した。

第二章

編集 ～コピー分子が受ける試練～

第一節　編集されるｍＲＮＡ・その１　～選択的スプライシング～

数が合わない！

思っていたよりも数が多かったり少なかったりというのはよくある話である。たとえば、こんな怪談がある。

ある登山パーティー四人が冬山で遭難し、救助隊が来るまで一軒の山小屋で一夜を明かすことになった。猛吹雪が吹きすさぶ暖房のない山小屋で、眠ってしまったら一巻の終わりである。そこで四人は、眠ってしまわないようにつぎの行動をとることにした。小屋の四隅にそれぞれ座り、一人がゆっくりと隣の隅へ移動してそこにいる人の肩を叩く。叩かれた人は、つぎの隅に移動してまたそこにいる人の肩を叩く……という具合に、一晩中それをぐるぐると続けたのである。おかげで四人とも凍死することなく、翌日無事に救助されたという。

なにが怪談？　と思われるかもしれない。

だが四人しかいなかった場合、これが何周もぐるぐる続くことがあり得ないことに気づいたとしたらどうであろうか？　一人目が隣の隅へ到達したとき、その人が最初にいた隅には誰もいないのである。つまり、四人目がやってきても、肩を叩く相手はそこにはいないはずなのだ！　ということは、この小さな冬の山小屋には、四人以外にもう一人、誰かがいたのである。

およそ科学書には似つかわしくない怪談をご紹介したところで、本題に戻ろう。

四人しかいないはずなのにもう一人いた！　というのと、一〇万くらいあるはずだったのに二万〜三万しかなかった！　というのとでは、割合からすればそれほどたいした違いはない。が、後者は私たちヒトの遺伝子に関するものであるがために、前者の怪談に比べて、その重要さは甚大である。

ヒトの細胞が作り出すタンパク質の種類は、一〇万から数十万種類にもおよぶと考えられている。したがって遺伝子の数もそれに匹敵するほどあるはずだ、と考えられていた。

これは、一九四〇年代に、アカパンカビというカビの一種の栄養要求性に関する実験から、ある一種類の機能をもつ酵素は、一種類の遺伝子にのみ規定されるという、「一遺伝子一酵素説」と呼ばれる仮説が提唱されたことに端を発する。それ以来、一つの遺伝子からは一種類のタンパク質しか作られないとする説が有力であって、したがってタンパク質の種類の多さから考えても、遺伝子の数もそれくらい多いに違いないと思われていたのだ。

ところが、最近になってヒトゲノム（ヒトのＤＮＡの全塩基配列）が解読され、その全体をみてみたところ、遺伝子の数はなんと、全ゲノムの一％から二％、たった二万〜三万個程度であることがわかったのである。その衝撃は山小屋の怪談以上であり、「人間は万物の霊長」などとおごり高ぶっていた人間たちは、ショウジョウバエと大差ないその遺伝子の数（ショウジョウバエのたった一・五〜二倍程度）に打ちひしがれたのであった。

いったいなぜ、遺伝子の数はタンパク質のそれより、劇的に少ないのだろう？

本章では、二つの現象に注目してみたい。

一つは、すでに述べたｍＲＮＡのスプライシングの段階で起こる、「選択的スプライシング」という現象。そしてもう一つは「ＲＮＡ編集」という現象だ。このうち、タンパク質の種類が遺伝子の数を上回ることになる原因の大部分を、「選択的スプライシング」が占めている。

そのメカニズムの一端をここで覗いてみよう。

選択的スプライシングとは何か

真核生物の遺伝子は、ＤＮＡ上では分断されて存在していると述べたのを思い出していただきたい。分断されたそれぞれの断片を「エクソン」と呼び、エクソンとエクソンの間の部分を「イントロン」と呼ぶ（46ページ図11）。

第一章で述べたように、ｍＲＮＡは、ＲＮＡポリメラーゼⅡによって転写された直後からさまざまな〝注文〟を受ける。そのうちの一つがスプライシングであった。ところが選択的スプライシングにおいては、イントロンだけではなく、ある一部のエクソン――タンパク質の情報が存在しているはずの断片――までもが切り出されてしまうのである。

選択的スプライシングによるタンパク質の作り分け　～つなぎ合わせの妙～

私たちヒトの遺伝子の五〇％以上は、選択的スプライシングを受けて複数種類のタンパク質を作り出すと考えられているが、まず、その簡単な一例をご紹介しよう。

ここでご紹介するのは、選択的スプライシングにより、遺伝子は同じでも、細胞の種類によって異なるタンパク質ができるという事例である。

「フィブロネクチン」という名前は、いかにも筋張ってネチネチした感じをイメージさせるけれども、実際このタンパク質は、「細胞外接着タンパク質」という種類に属するもので、おもに細胞と細胞の接着に関与するタンパク質の一種であり、さまざまな細胞によって作り出されている。

フィブロネクチンには、選択的スプライシングにより、構造や機能が少しずつ異なる二〇種類のものが存在することが明らかとなっている。ここではロディッシュ他著『分子細胞生物学・第

5版』（石浦章一他訳、東京化学同人、二〇〇五）にならい、そのうち二種類のものが、どのように作られるかをご紹介しよう。

繊維芽細胞は、コラーゲンを分泌する細胞である。皮膚の内部構造の構築に重要な役割をはたす細胞で、表皮のすぐ下に位置する「真皮」でコラーゲンを大量に作り出している。

細胞の外には「細胞外マトリックス」という、細胞がはたらく足場となるような構造が張りめぐらされていて、繊維芽細胞は、細胞膜上に突き出したフィブロネクチンによって、この足場とうまく結合している。

いっぽう、肝臓を構成する細胞――肝細胞――もフィブロネクチンを産生するが、こちらは細胞膜上に突き出して細胞外マトリックスと結合するために作るのではなく、血液中に放出して、血液凝固に重要な役割をになわせるために作り出している。

はたしてどのようにして、細胞によって違う性質をもつフィブロネクチンができるのだろうか。

それは、選択的スプライシングの効果的な利用にほかならない。フィブロネクチンは、発現する細胞によって、あるエクソンを付けるか付けないかを選択しているのである。

図18をご覧いただきたい。

繊維芽細胞が産生するフィブロネクチンのｍＲＮＡには「ＥⅢＡ」、「ＥⅢＢ」というエクソン

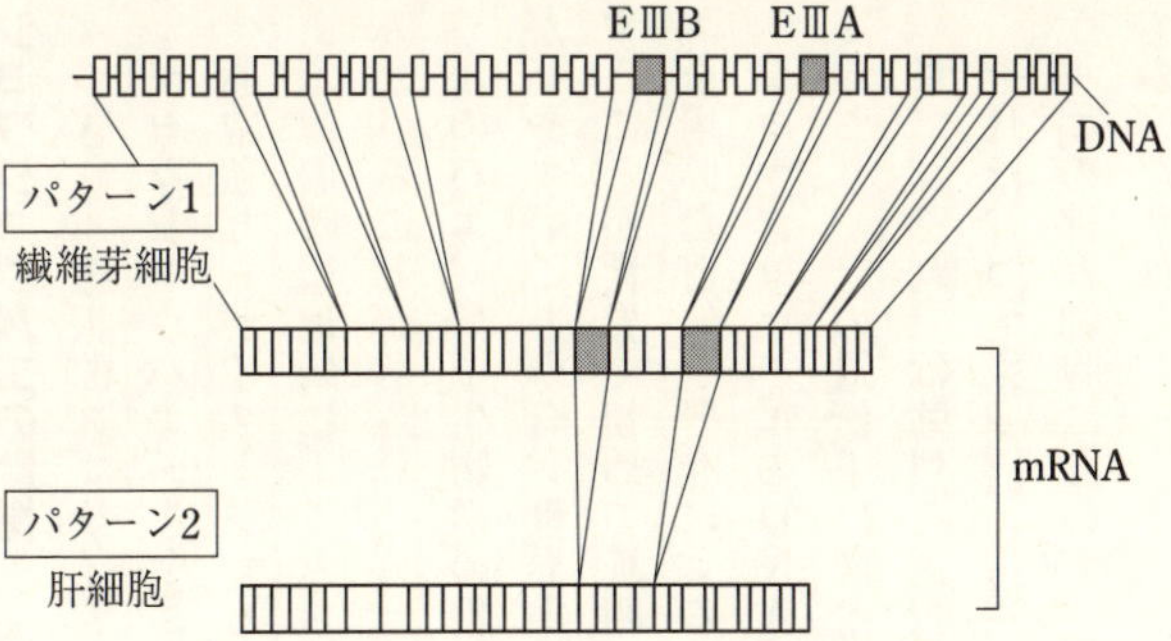

図18　フィブロネクチン遺伝子

が含まれているのに対し、肝細胞が産生するフィブロネクチンにはそれらが含まれていないのである。

この二つのエクソンがコードするアミノ酸配列部分には、繊維芽細胞の細胞膜表面に存在するある種のタンパク質と結合するというはたらきがある。つまり、この二つのエクソンが存在するフィブロネクチンが産生されると、そのフィブロネクチンは細胞外に放出されることなく、細胞膜表面のそのタンパク質とがっちり結合してしまうのである。

いっぽう、血液凝固の際にフィブロネクチンをはたらかせるためには、細胞膜表面で固定されてしまい、血中に放出されないようではははなはだ困る。したがって、そうしたフィブロネクチンを作る役割をになっている肝細胞では、二つのエクソンは選択的スプライシングによって取り除かれてしまうのである。

ショウジョウバエの驚愕！　遺伝子

つぎに、選択的スプライシングの強烈な一例をご紹介しよう。

ショウジョウバエ *Drosophila melanogaster* というハエがいる。

通常私たちがイメージするハエとは異なり、このハエはひじょうに小さく、体長三ミリ程度である。温暖な地域によくみられ、日本でも普通にいる。よく熟した果実などに集まってくるのをみかけることがある。

このハエ、分子生物学の世界では超有名だ。飼育がしやすいことや、染色体の数が少なく研究がしやすいことから、世界中で汎用されているモデル生物だからである。遺伝子が染色体に存在することが世界で初めて証明されたのは、米国の遺伝学者トーマス・モーガンのショウジョウバエを用いた遺伝学研究によるものであった。

ショウジョウバエのＤＮＡは、ヒトよりもはやく全塩基配列が解読されていることからもわかるとおり、その遺伝子に関する知識はすでに膨大なものとなっている。

さて、それでは強烈な選択的スプライシングの一例とはなにか。

それは、*Dscam* という遺伝子が発現する際に起こるものである。この遺伝子は、ショウジョウバエの神経細胞において、細胞の接着因子としてはたらくタンパク質をコードする遺伝子としてみいだされた。

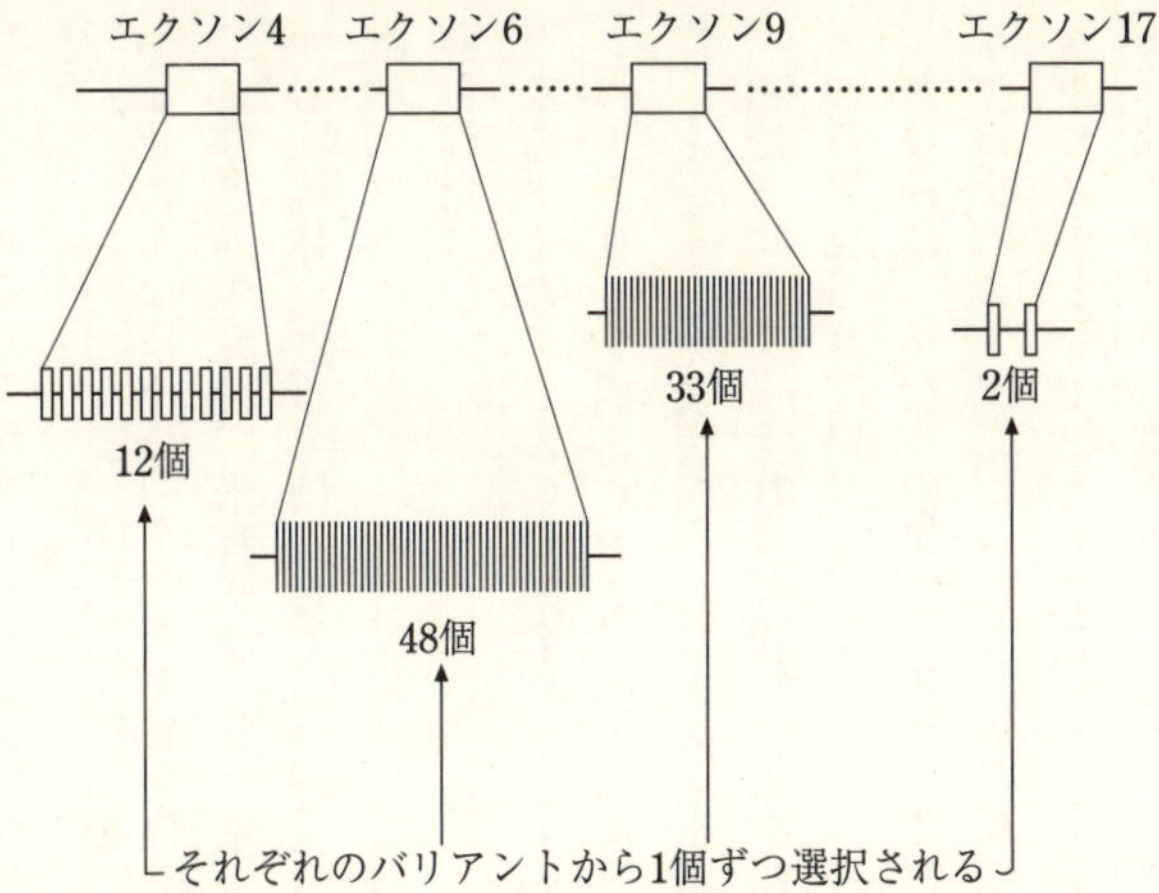

図19　*Dscam* エクソンのバリアント

この遺伝子は二四個のエクソンからなるが、じつは四番目、六番目、九番目、そして一七番目のエクソンは、それぞれ一二、四八、三三、二個の「バリアント」からできている（図19）。塩基配列がすこしずつ異なる複数の領域によりグループが形成され、そのグループ全体が一個のエクソンであるとみなされる場合、グループ構成員のそれぞれの領域を「バリアント」と呼び、タンパク質ができる際、そのうちのどれか一つのバリアントが実際に用いられる。どのバリアントを用いるかが選択的スプライシングによって選択されるため、一二×四八×三三×二、すなわち理論上は、約三万八〇〇〇通りの組み合わせでタンパク質が作られることになる。

つまり、*Dscam* というたった一つの遺伝子から、なんと三万八〇〇〇種類ものタンパク質が生じるのである。これは、ショウジョウバエの全遺伝子の数（約一万四〇〇〇）の二〜三倍の多さだ。

なぜこんなに多くのタンパク質を作り出す必要があるのか。

二〇〇五年九月、米科学誌『サイエンス』に、*Dscam* がショウジョウバエの免疫反応に関与する「抗体」としてはたらくのではないかという報告が出された。その論文では、*Dscam* が選択的スプライシングによって作り出せる〝抗体〟の種類は、一万八〇〇〇種類以上であると見積もられた。

なるべくたくさんの種類の抗原（外から侵入してくる異物）に対応できるように、〝抗体〟のレパートリーを揃えておくというのは、ヒトでも昆虫でも動物界に広くみられる現象であり、*Dscam* はそのための、昆虫における免疫道具なのではないかというわけだ。

私たちヒトで、これほど柔軟な選択的スプライシングのシステムをもつ遺伝子は、現在までのところ発見されていない。

ちなみに、私たちの免疫システムで機能する抗体は、これもやはり「バリアント」の多様な組み合わせによって生じることが知られているが、こちらはｍＲＮＡへの転写過程で起こる選択的スプライシングではなく、ＤＮＡそのものが組み合わさって起こるので、*Dscam* のそれとはメカニズムが違う。選択的スプライシングでは、ＤＮＡそのものが再編成されることはないのである。

ところで、選択的スプライシングにおいてどのエクソンが用いられ、どのエクソンが無視されるかはそれぞれの細胞の状態（あるいは性質）に大きく依存している。あるエクソンを無視したいという場合にどうすればよいかといえば、そのエクソンの直前にある3′スプライス部位をスプライソソームが認識しなければいいわけだ（52ページ図14）。実際、ある細胞ではそれ専門の制御タンパク質が3′スプライス部位近傍に結合し、スプライソソームによるスプライシングを阻害するが、他の細胞では阻害しないといったことがわかっている。

また「スプライシング・リプレッサー（スプライシング抑制因子）」、「スプライシング・アクチベーター（スプライシング促進因子）」と名づけられたタンパク質の存在も知られており、これらがスプライソソームによるスプライシングを特定の箇所で阻害したり促進したりすることで、エクソンの選択がおこなわれているようだ。

第二節　コドンとは何か

遺伝暗号

さてここで、セントラルドグマの根幹である「遺伝暗号」についてお話ししておく必要がでてきた。

セントラルドグマは、どのような規則に基づいているのか。そして、〝コピー分子〟であるmRNAが選択的スプライシングのような〝注文〟を受ける意味は、はたしてどこにあるのか。

それは、mRNAの塩基配列という姿をした遺伝情報が、どのような規則の下でアミノ酸配列という形をしたタンパク質情報へ〝変換〟されるのか、に尽きる話であって、その規則が「遺伝暗号」なのである。

暗号を解読せよ！

これはいったいなんだろう？　なにかの暗号か？

地球上には、そうした疑問が自然とわいてくる自然の造形物や、誰がみても人工的と思われる不可思議な物体がまだまだたくさんある。英国南部にあるストーンヘンジもそうしたものの一つであろうし、昨今やはり英国で騒がれた（ている？）麦畑に忽然と出現するミステリー・サークルなども有名である。一時期には、火星の表面に人面岩があって、これが火星人の建造物なのではないかと騒がれたこともあった。

もちろん、本当の意味での暗号は、古代ローマのカエサル暗号から量子コンピューターに対抗する量子暗号にいたるまで、つねに人間の歴史とほぼ並行してなりたってきた。いちばんなじみが深いのは、トン・ツー・トンという点と線の配列だけでなりたつ「モールス信号」であろう（暗号といえるのかどうかは知らないが）。

暗号というのはその名のとおり、何かのメッセージを当事者以外には知られないように他の情報記号に変換したもの、あるいはその手段のことである。

暗号の解読は、戦争で敵を知るために必要不可欠な戦略である。戦中、海軍大将山本五十六《いそろく》の乗った飛行機が撃墜されたのは、旧日本軍の暗号が米軍に解読されていたからであるといわれる。

ＤＮＡの塩基配列が、はたしてどのようにタンパク質を決めているか。私たち分子生物学に携わる者は、そうしたときに用いられるＤＮＡの塩基配列の並び方（三塩基が一アミノ酸に対応していること）を、「遺伝暗号」という名前で呼びならわしている。

暗号という名を字面どおりにとれば、ＤＮＡからタンパク質を作り出すための「遺伝暗号」は、当事者以外には知られてはならないはずである。が、実際にはそんな擬人的な振る舞いはおこなわれていない。ＤＮＡからタンパク質を作る際に、わざわざ隣の脂肪酸に対し、「あんたにはナイショ」などといって秘密にしておく必要はまったくないのである。つまりこれは、核酸とタンパク質という、異なる物質が相互に情報を共有するために、なんらかのとりきめをしておく必要があったというだけの話なのだ。

Genetic code（遺伝暗号）という言葉はすでに確立されたものではあるが、読者諸賢にはそれをそのまま「暗号」として受け取るのではなく、「とりきめ」であるとお考えいただきたい。そのほうが、遺伝暗号の不思議な世界を理解しやすいからである。

必ずこうでなければならない

セントラルドグマにおいて、もっとも重要な概念とは何か？

何度もいうようだが、遺伝暗号こそ、それである。

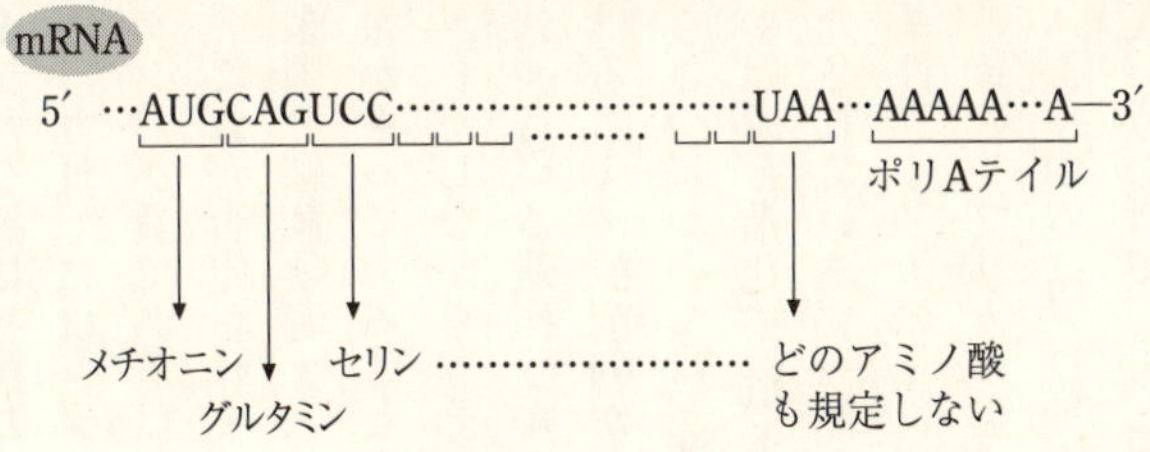

図20　コドン

遺伝暗号は、三つの連続したＤＮＡ上の塩基――正確にはｍＲＮＡとしてコピーされた塩基――が、ある特定のアミノ酸を規定するという法則の下でなりたっている。

すなわち遺伝暗号とは、「ｍＲＮＡの塩基配列が読み取られ、タンパク質ができるためのルール（とりきめ）」である。

たとえば、「ＡＵＧ」という三つ並んだｍＲＮＡの塩基は、「メチオニン」というアミノ酸を規定（コード）している。また、「ＣＡＧ」という塩基は、「グルタミン」というアミノ酸をコードしている、といった具合だ。こうした場合、ＡＵＧやＣＡＧを、それぞれメチオニンやグルタミンの「コドン」であるという（図20）。

ＡＵＧは、メチオニンのみをコードするコドンであり、ＣＡＧはグルタミンのみをコードするコドンである。基本的に例外は存在しない。

このような法則は、地球上のすべての生物に当てはめることができるので、これらの遺伝暗号は「普遍遺伝暗号」と呼ばれている。

タンパク質は核酸からいかにして生じるか

一九世紀には、すでに染色体やＤＮＡが発見されていたが、二〇世紀前半までは、「遺伝子はタンパク質である」という考えが主流であった。

これが否定されて、遺伝子がじつはＤＮＡであることが証明されたのは一九四四年のことだ。米国の細菌学者オズワルド・エイヴリーらが肺炎双球菌の形質転換実験により、ＤＮＡに遺伝情報が乗っていることを確かめたのである。

しかしながら、その遺伝情報を実際にはたらかせているのはタンパク質である。ＤＮＡの上に乗っている遺伝子から、いったいどのようにタンパク質ができるのか、すなわちタンパク質におけるアミノ酸配列がどのようなメカニズムによって決定されるかについてはわからなかった。いきさつについては、遺伝暗号の世界的権威である大澤省三名古屋大学名誉教授の著書『遺伝暗号の起源と進化』（原著：Evolution of the Genetic Code、渡辺公綱他訳、共立出版）に詳しく紹介されている。一部をご紹介すると、この問題に対する生化学者の仮説は、「タンパク質中の塩基性アミノ酸の正に荷電した基が核酸の負に荷電したリン酸基と結合し、それによって鋳型核酸の負のレプリカが形成される」というものであった（大澤省三前掲書より）。

ようするに、ＤＮＡを鋳型として、そのまま「負のレプリカ」としてのタンパク質が作られるというわけで、もしこれが本当だったら、生命現象はある意味でとてもすっきりしたものとなっていたであろう。

しかしながら、それでは〝文字〟すなわち塩基が四種類しかないDNAが、二〇種類ものアミノ酸をどのように「コード」しているかという疑問は氷解しないまま残ってしまう。その解明こそ、分子生物学の進展にとってもっとも重要な研究テーマであった。

コドンの発見

二〇〇四年に惜しまれながら世を去った英科学者フランシス・クリックは、ジェームズ・ワトソンと共にDNA二重らせん構造を発見したこと、また本書のテーマである「セントラルドグマ」という言葉を最初に提唱したことで有名であるが、ほかにも隠された――つまりあまり一般的には知られていない――業績が数多くあることでも知られる。

その一つが、コドンは「トリプレット（三つの塩基）」で読まれることを最初に発見し、提唱したことだ。

「コドン」という名称そのものは、シドニー・ブレンナー（二〇〇二年度ノーベル生理学医学賞受賞者）によって一九六二年に命名されたものであるが、その一年前の一九六一年、クリックらは英科学誌『ネイチャー』に論文――ブレンナーも共著者――を発表し、遺伝暗号はある決まった固定点から読み取りが始まり、トリプレットで読まれていくことを証明した。

クリックらの実験は、大腸菌に感染するT4バクテリオファージと呼ばれるウイルスのゲノム中に存在する、rⅡ領域にある「Bシストロン」と呼ばれる遺伝子領域を用いておこなわれた、ひじょうに複雑なものである。詳しい実験手法については省略するが、クリックはここで、遺伝暗号はつぎの四つの性質をもつことを提唱した。論文では「コドン」の名称は使われていないが、わかりやすくするため、コドンの表記を使わせてもらうと、要点はつぎのようになる。

一つは、三つの塩基（コドン）が一つのアミノ酸をコードしていること。

二つ目は、コードは重複するものではないこと。つまり塩基1、2、3がコドンとなって一つのアミノ酸をコードしていたら、つぎのアミノ酸は4、5、6の塩基がコドンとなってコードしているのであり、けっして2、3、4や3、4、5などがコドンにはならないということ。

三つ目は、塩基配列の読み取りは決まった場所からスタートすること。

そして四つ目は、本来なら一つのコドンは一つのアミノ酸のみをコードすべきところ、複数のコドンが一つのアミノ酸をコードするようになってしまっていること。これをコードは「退化している」という。

そしてほぼ同時期に、そのコドンの一つが世界で初めて同定された。

世界の分子生物学のメッカともいえるアメリカ国立衛生研究所（NIH）の科学者マーシャル・ニーレンバーグとJ・ハインリッヒ・マッタイは、アミノ酸を多量に含む大腸菌の抽出液を用いたタンパク質合成系——無細胞系《セル・フリー・システム》と呼ぶ——を用いた実験によって、「ＵＵＵ」というｍＲＮＡ上の配列が「フェニルアラニン」というアミノ酸のコドンであることをみいだした。
すなわち、無細胞系に「ポリウリジル酸」という、ウラシル（Ｕ）だけがたくさんつながったＲＮＡを加えたところ、「ポリフェニルアラニン」という、いってみればフェニルアラニンだけ

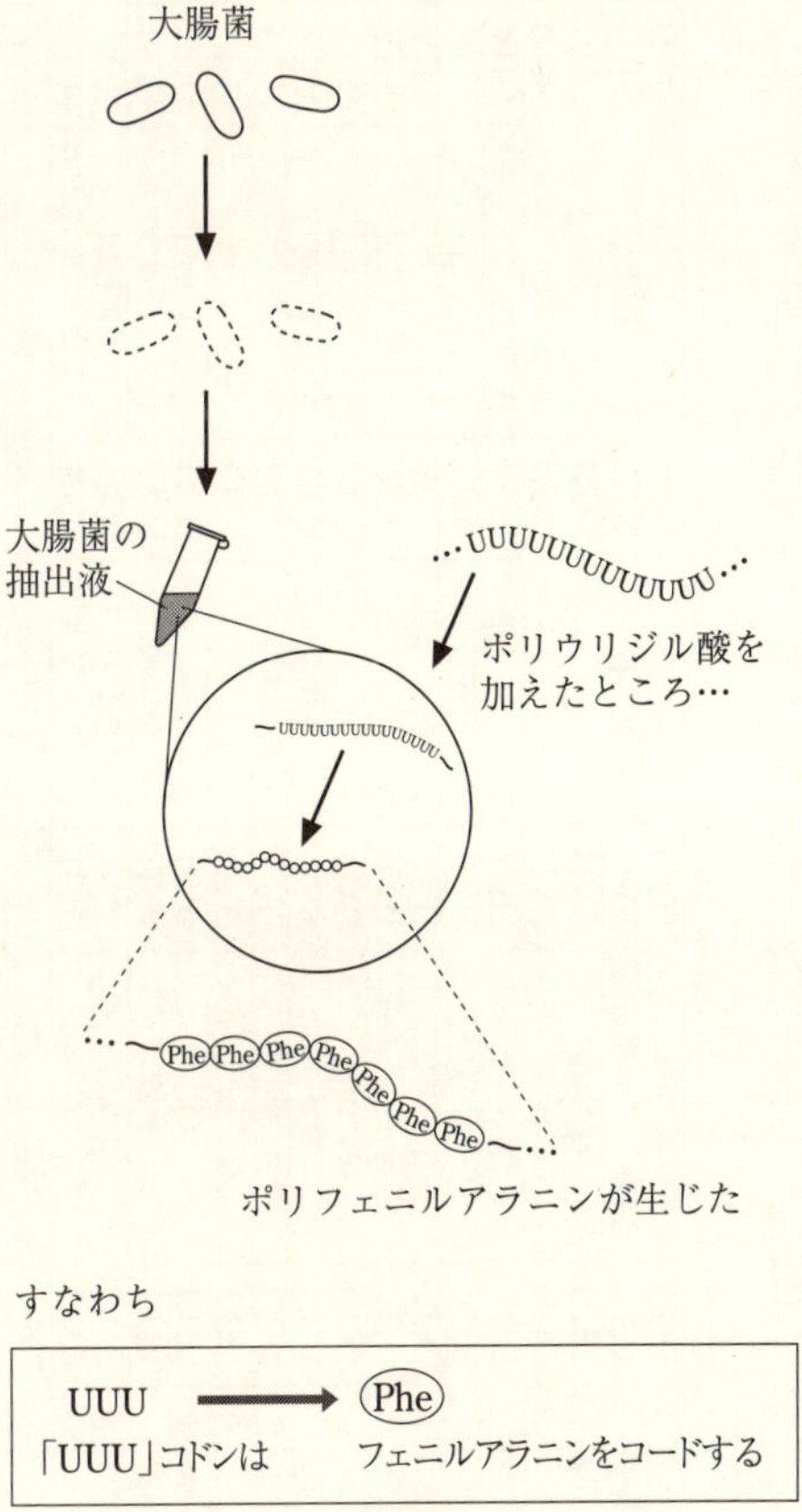
大腸菌
大腸菌の
抽出液
…UUUUUUUUUUUUU…
ポリウリジル酸を
加えたところ…
Phe Phe Phe Phe Phe Phe Phe Phe
ポリフェニルアラニンが生じた
すなわち
UUU
Phe
「UUU」コドンは
フェニルアラニンをコードする

図21　初めて同定されたコドン

コドン	アミノ酸	コドン	アミノ酸	コドン	アミノ酸	コドン	アミノ酸
UUU UUC	フェニルアラニン (Phe, F)	UCU UCC UCA UCG	セリン (Ser, S)	UAU UAC	チロシン (Tyr, Y)	UGU UGC	システイン (Cys, C)
UUA UUG	ロイシン (Leu, L)			UAA UAG	終止 (X)	UGA	終止 (X)
						UGG	トリプトファン (Trp, W)
CUU CUC CUA CUG	ロイシン (Leu, L)	CCU CCC CCA CCG	プロリン (Pro, P)	CAU CAC	ヒスチジン (His, H)	CGU CGC CGA CGG	アルギニン (Arg, R)
				CAA CAG	グルタミン (Gln, Q)		
AUU AUC AUA	イソロイシン (Ile, I)	ACU ACC ACA ACG	トレオニン (Thr, T)	AAU AAC	アスパラギン (Asn, N)	AGU AGC	セリン (Ser, S)
AUG	メチオニン (Met, M)			AAA AAG	リシン (Lys, K)	AGA AGG	アルギニン (Arg, R)
GUU GUC GUA GUG	バリン (Val, V)	GCU GCC GCA GCG	アラニン (Ala, A)	GAU GAC	アスパラギン酸 (Asp, D)	GGU GGC GGA GGG	グリシン (Gly, G)
				GAA GAG	グルタミン酸 (Glu, E)		

表1　普遍遺伝暗号表

からなるタンパク質が試験管内で生じることがわかったのである（図21）。

ニーレンバーグらのこの発見に関して、クリックが、「モスクワで開催された生化学会議のシンポジウムの聴衆は、ニーレンバーグの講演に驚愕した」と前掲論文のなかで述べているとおり、現在では当たり前のこの「遺伝暗号」の発見は、驚きをもって世界に受け入れられた。

その数年後には、ニーレンバーグらと、アメリカ・ウィスコンシン大学のコラナの研究グループによって、現在同定されているほぼすべてのコドン（六四種類のうち六一種類）が同定された。このとき、コラナの研究グループには日本人研究者・西村暹《すすむ》（現・萬有製薬つくば研究所名誉所長）、大塚栄子（現・北海道大学名誉教授）が所属し、その研究に大きく貢献した。

コドンは、それぞれ決まったアミノ酸を規定している。表1に、真核生物の核における普遍遺伝暗号の一覧表を示したので、ごらんいただきたい。クリックが明らかにしたように、複数のコドンが同一のアミノ酸を規定していることがおわかりいただけると思う。

つぎに、タンパク質合成装置リボソームにおけるコドンの読み取りが開始されるとき、またはそれが終了するときに用いられる特殊なコドンについてご紹介しておこう。

開始コドン

なにか新しい施設がオープンしたり、「○○大橋」といった名前の自動車専用大橋が開通したりする際には、何日も前からその場に寝泊まりして並び、一番乗りを果たそうとする人が必ずいる。もしかしたら読者諸賢のなかにも、そうしたことに喜びを感じる人がいるかもしれない。そのなかには、いろんなところで一番乗りをはたしてきた剛の者もいるやに聞く。いってみれば常連さんである。そうした人は「あ、またあいつに一番を取られた！」といって悔しがる人を尻目に、悠然と先頭に並ぶのであろう。

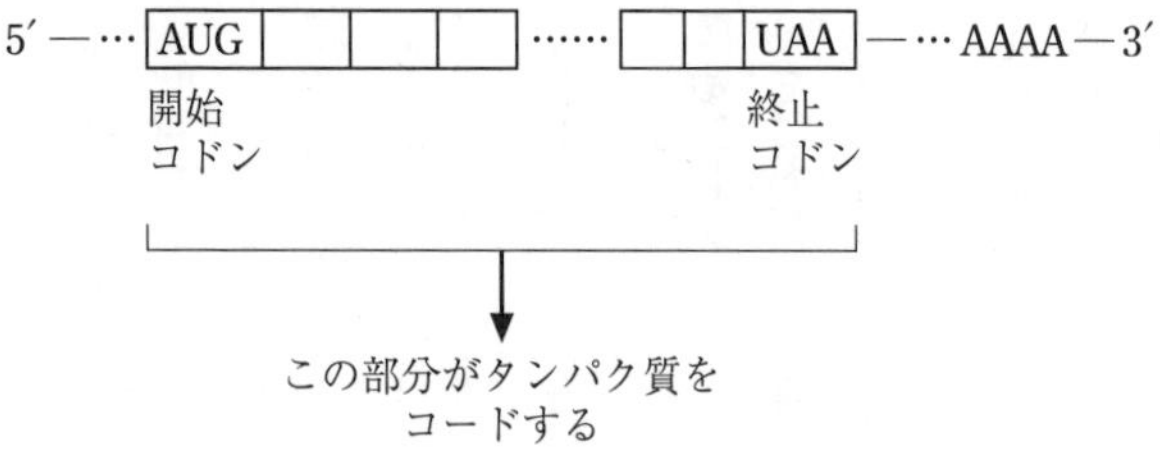

図22　コドンにも始まりと終わりがある

タンパク質は、二〇種類のアミノ酸がさまざまな数、さまざまな種類、そしてさまざまな順番でできたものである。もちろん、何番目にどのアミノ酸が来るかといったことはそれぞれのタンパク質でまったく違うはずである。

ところが、例外が一つだけある。

あまり知られていないことだが、どのタンパク質が合成されるときでも、必ずある常連アミノ酸が「一番乗り」をはたしている。じつは、新しく合成されたタンパク質の一番目のアミノ酸は、ほぼ必ず「メチオニン」というアミノ酸なのだ。

なぜいつも「メチオニン」が最初なのかといえば、その秘密は「コドン」にある。

第三章で述べるが、mRNA上のコドンはリボソームと呼ばれるタンパク質合成装置で読み取られ、アミノ酸がつぎつぎにつながってタンパク質ができあがる。

リボソーム上ではまず、どこからタンパク質の読み取りを開始するかを決めなくてはならない。

そのための目印となるのが、アミノ酸「メチオニン」をコードする「AUG」コドンなのである。つまり、コドンの一つが犠牲にされ、開始の目印用の特別なコドンにされてしまったのだ！（図22）

リボソームがmRNAのうえを検索していき、「AUG」を発見したときはじめて、タンパク質への「解読」を開始する。

この「AUG」コドンのことを、研究者は「開始コドン」と呼んでいる。

終止コドン

始まりがあれば終わりがある。

開始コドンがあるのならば、その対となるコドン、「終止コドン」もちゃんと存在する。

じつは、mRNAの終わりのほう――3′非翻訳領域――は、もはやアミノ酸の情報をコードしていない。どこかでリボソームが「解読」を終わってくれなくてはいけない。

そのためのコドンが「終止コドン」である（図22）。

開始コドンが「メチオニン」というアミノ酸をコードしていたのに対して、終止コドンはどのアミノ酸もコードしていない。

「UAA」、「UAG」、「UGA」の三種類のコドンが終止コドンとして知られ、これらは「ナン

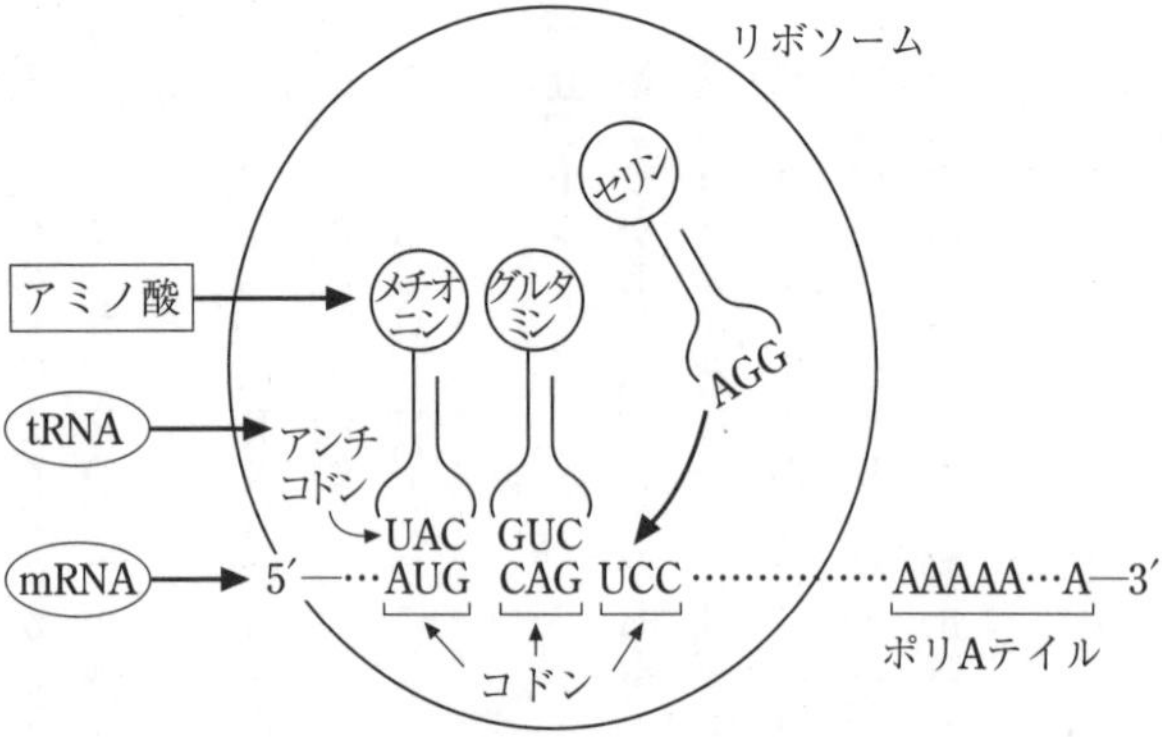

図23　コドンとアンチコドン

センス・コドン」とも呼ばれる。リボソームがｍＲＮＡ上のナンセンス・コドンを認識すると、そこで解読はストップしてしまう。

「ナンセンス（無意味）」とはいいえて妙だが、コドンにとっては不本意であろう。アミノ酸をコードしていないとはいえ、「終止する」という意味がちゃんとあるのだから。

アンチコドン

三文字のコドンがアミノ酸に「読まれる」メカニズムを知るためには、もう一つ要素があることを忘れてはならない。遺伝暗号としての「コドン」と、それをアミノ酸に解読するためのもう一つのコドン、「アンチコドン」である。

アンチコドンというのは、ｍＲＮＡ上のコドンと相補的に結合する三つの塩基からなる配列で、「ｔＲＮＡ

（転移ＲＮＡ）」と呼ばれるＲＮＡの一部がこれにあたる。ｔＲＮＡは、その名のとおり、「アミノ酸を転移する」ＲＮＡであり、タンパク質合成装置リボソームにたどり着いたｍＲＮＡのところにアミノ酸を運んできて、「アンチコドン」を介してｍＲＮＡ上の「コドン」にがっしり結合する（図23）。

つまり、コドンに対《アンチ》するという意味で、アンチコドンと呼ばれているわけだ。

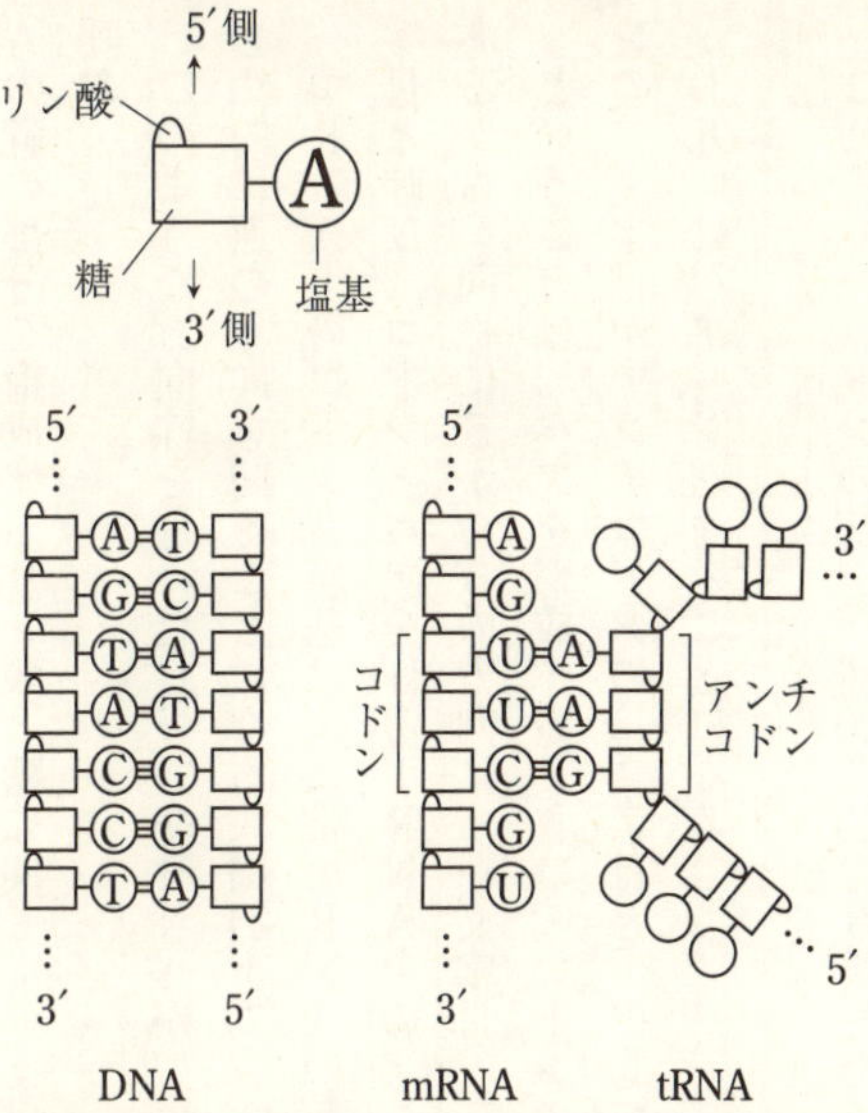

図24　コドンとアンチコドンの結合

コドン三文字目と対になるのは　アンチコドン一文字目

くりかえしになるが、ＤＮＡやＲＮＡには方向性が存在する。

その理由は、ＤＮＡやＲＮＡを構成するブロックであるヌクレオチドに、そもそも方向性が存在するからである。つまり図24上に示したように、ＤＮＡやＲＮ

Aの幹の部分を構成するリン酸と糖に関していえば、ヌクレオチドのリン酸側を5′、糖側を3′と呼ぶ。

このような方向性をもったDNAやRNAが、塩基同士で結合して二本鎖になるわけだから、必然的に逆の方向を向くことになる（図24下）。

mRNA上のコドン三塩基は、通常mRNAの5′から3′の方向に、一文字目、二文字目、三文字目と呼び、コドンとペアを作るtRNA上のアンチコドンもまた、当然のことながらRNAであるから、同様に5′から3′の方向に、一文字目、二文字目、三文字目というふうに呼ぶ。

ということは、ペアを形成するときは、コドンの一文字目がアンチコドンの三文字目と、コドンの二文字目がアンチコドンの二文字目と、そしてコドンの三文字目とアンチコドンの一文字目がお互いにペアリングすることになる。

これまでのコドンの話を、図20、23で登場した「グルタミン」を例に挙げてまとめてみよう。

DNA上のある遺伝子が、mRNAに転写される。

さまざまな注文を受け、成熟したmRNA。

三塩基ずつの単位となったmRNAの塩基配列のなかに、「CAG」という塩基配列がある。

こうした三文字配列をコドンという。

ｍＲＮＡがリボソーム上に到達すると、そこに「ＣＵＧ」というアンチコドンをもつｔＲＮＡが、アミノ酸「グルタミン」を連れてやってくる。

そして、リボソーム上でコドンとアンチコドンは相補的に結合し、このときグルタミンがタンパク質の長いアミノ酸配列の一部に組み込まれる（図23）。

これが何回も何回も、いろんな種類のアミノ酸で繰り返されて、長いタンパク質分子が作られていくのである。

第三節　編集されるmRNA・その2　〜RNA編集〜

コドンとアンチコドンのルールについてご理解いただいたところで、話を戻そう。キャップ構造を付けられて、スプライシングを受け、ポリAテイルを付けられたmRNA。いよいよ核の外――細胞質――に存在する「タンパク質合成装置」リボソームへの旅を開始するのだが、その前にもう一度、不思議な注文をされることがある。

これはすべてのmRNAでみられる現象ではないが、mRNAが「単なるDNA上の遺伝情報のコピー」に留まらないことを私たちに示してくれる重要な現象なので、ここで節を改めてご紹介しよう。

編集者も顔負け

この本も、十数回の推敲を経て完成したものである。

文章を書くことにあまり縁のない人にとっては、推敲という作業はなじみのある言葉ではない

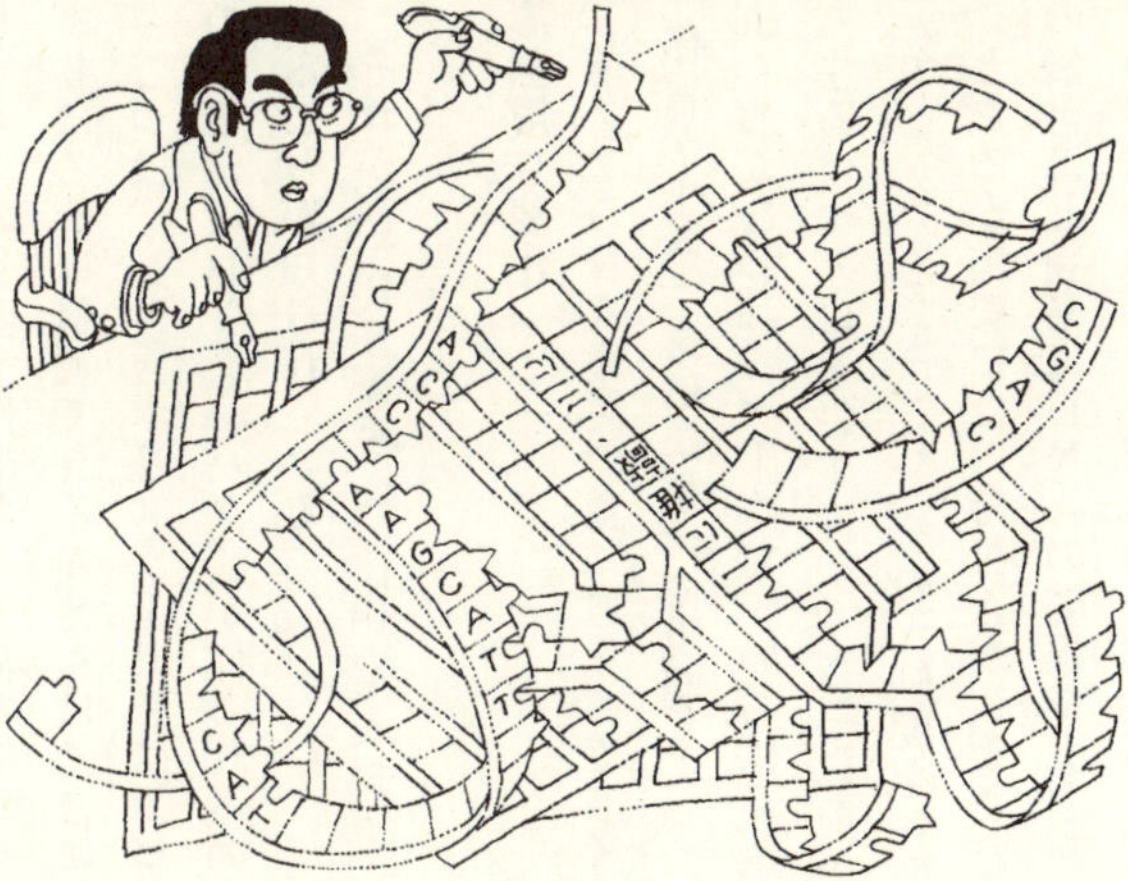

推敲が大切

と思うが、簡単な言葉でいえば「文章の練り直し」である。

　ただ文章を書くことなら誰でもできる。思いついた言葉をそのまま原稿用紙に書くなり、ワープロに叩き込むなりすればいいだけだ。しかし、それでは単なる「作文」にすぎないし、インターネットの掲示板などでも、はっきりと大人が書いていることがわかるものでさえ、小学生の作文以下のものが山ほどある。その理由は簡単で、そうしたものは一度書いただけで自分の文章に自信をもってしまい、十分な読み直し、書き直しをしていないからである。

　推敲というのは、自分の書いた文章が文法的に正しいかどうかのみならず、正確な情報を提示しているか、文脈との関係で意味のある文章であるか、その文章は本当になければならないかなどをじっくり練り直す作業だ。書籍の情報が、インターネット上のそれ――とりわけ掲示板など――よりはるかに信頼できるゆえんはそこにある。

じつは、RNAポリメラーゼⅡによって作り出されたmRNAにおいても、その情報をただそのまま使用してタンパク質が作られるのではなく、こうした「文章の練り直し」がおこなわれていることが知られている。

それが、「RNA編集（RNAエディティング）」と呼ばれる現象である。

高頻度な変化

前著『DNA複製の謎に迫る』で筆者は、DNAが複製するたびに生じる塩基配列の変化を、「伝言ゲーム」を例に挙げて説明した。伝言ゲームは、たとえば修学旅行や遠足のバスのなかでよくおこなわれるゲームで、いちばん後ろの席の生徒が、前の生徒になにかをこそこそっと耳打ちする。つぎにその生徒が、さらに前の生徒に耳打ちする、という具合にいちばん前の席まで「伝言」を伝えていき、その正確度を各列で競うゲームである。

ところが実際には、DNAが複製される際に生じる複製の誤り（複製エラー）は、伝言ゲームの伝言ほど頻繁にDNAの変異を引き起こすわけではない。

DNAポリメラーゼによる複製誤り頻度はおよそ一〇万回に一回であるし、そのうえDNAポリメラーゼにはエクソヌクレアーゼ活性という校正機能があり、さらにミスマッチ修復機構という修復メカニズムが備わっているから、最終的に複製誤り頻度は、一〇億回から一〇〇億回に一回という低さにまで抑えられている。

これに対して、ＲＮＡ編集のほうは、もっと高頻度に「塩基置換」が生じるのである。

ここではまず、タンパク質の種類の多さをもたらすと考えられているＲＮＡ編集の、驚くべき編集能力をご紹介しよう。

RNA編集とは何か

ＲＮＡ編集が最初に見つかったのが、「トリパノソーマ」と呼ばれる生物においてであった。アフリカの熱帯地方などには、「トリパノソーマ症」と呼ばれる深刻な感染症がしばしばみられる。これは文字どおり、寄生虫の一種であるトリパノソーマによって引き起こされる病気である。なかでも、「ツェツェバエ」と呼ばれる比較的大きなハエによって媒介され、睡眠病（眠り病）と呼ばれるものが有名だ。

トリパノソーマは「原虫」と呼ばれる単細胞真核生物の仲間である。トリパノソーマ症に感染した人の血液を顕微鏡で見ると、ほぼ赤血球と同じ程度の大きさの、細長い虫を観察することができる。

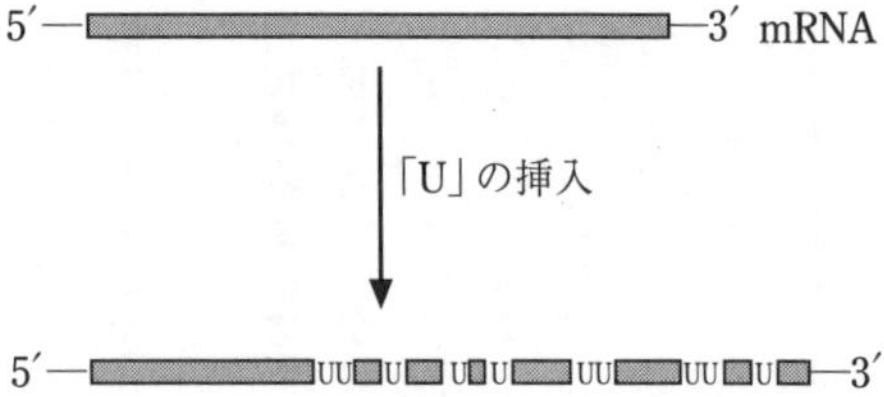

図25 「U」を挿入する“編集”

トリパノソーマは真核生物であるから、その細胞中にはミトコンドリアが存在する。ミトコンドリアは、細胞内小器官（オルガネラ）と呼ばれるものの一つで、生物が生きていくのに必要なエネルギー（ATP：アデノシン三リン酸）を合成するところである。

ミトコンドリアには、核とはべつに独自のDNAが存在しているが、じつはそのミトコンドリアDNAから転写されてできるmRNAに、不思議な現象が観察された。それが「RNA編集」だ。

トリパノソーマにおけるRNA編集は、転写されてできたmRNAのところどころに、塩基「U」があとから新たに挿入されるものである。その結果として、mRNA上のアミノ酸の「読み取り枠」が変化し、異なるタンパク質ができる（図25）。

トリパノソーマでRNA編集が起こるのは、ミトコンドリア内膜上で呼吸反応に関与する「酸化的リン酸化」システムを構成する一群のタンパク質を作るmRNAである。それには「NADH-ユビキノン酸化還元酵素」、「シトクロムbc1」、「シトクロム酸化酵素」、そして「ATP合成酵素」が含まれる。

詳細は後述するとして、ようするにRNA編集とは、転写されたmRNAに新たに塩基を挿入したり塩基を削除したり、あるいは塩基をべつの塩基に変化させたりする作業なのである。

トリパノソーマで初めてこの現象が発見されたのが一九八六年。その後、トリパノソーマだけではなく、なんと私たちヒトを含む多細胞生物においてもRNA編集がおこなわれていることがわかってきた。

RNA編集は、コラム1でご紹介した逆転写酵素に続く、セントラルドグマに対する大いなる反逆なのではないかとさえ思える。

アデノシンをイノシンに変える

無脊椎動物から脊椎動物にいたるまで幅広く存在するRNA編集の一つに、mRNA上のアデノシン（A）がイノシン（I）へ変換されるというものがある。これを「A→I編集」という。アデノシンというのは、塩基「A」つまり「アデニン」と、それが通常結合している糖をあわせて呼ぶ表現であるが、ここでは理解をしやすくするため、アデニンと同様「A」と標記することにしよう。

AからIへの変換をおこなう酵素を、「アデノシンデアミナーゼ（ADA）」と呼ぶ。

炯眼な読者諸賢ならば、このADAという酵素でピンときたかたもおられよう。一九九五年に北海道大学で日本最初の遺伝子治療がおこなわれたのが、「ADA欠損症」の患者に対するもの

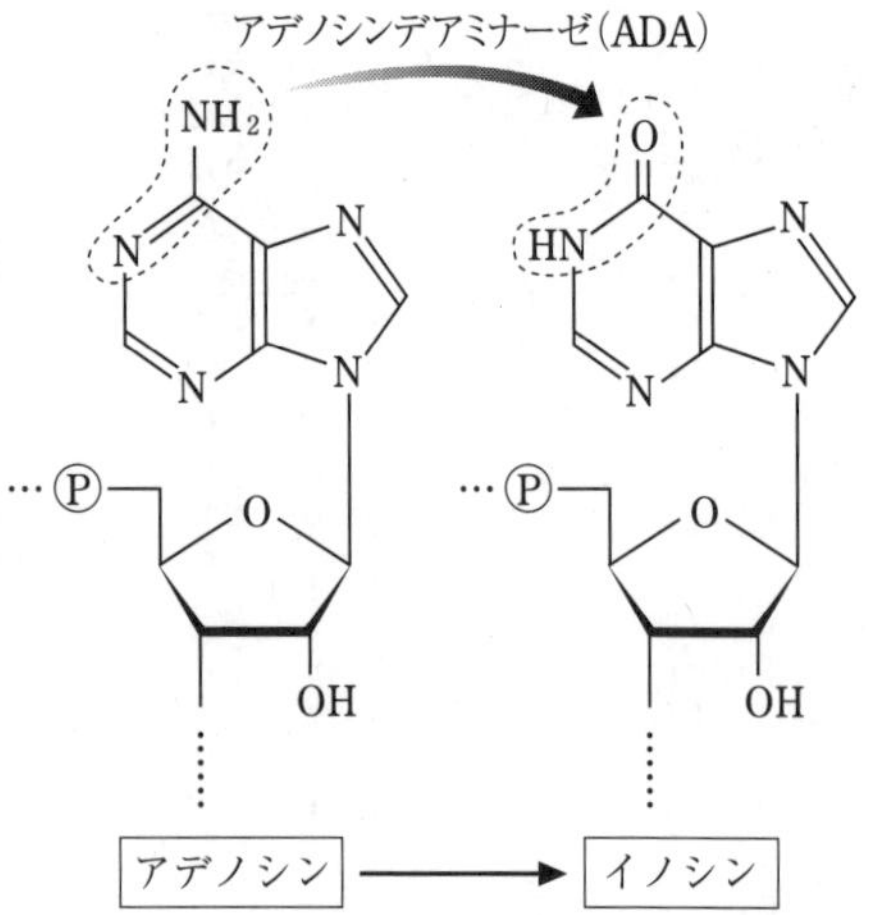

図26　アデノシンデアミナーゼの作用

であった――世界初の遺伝子治療もＡＤＡ欠損症に対するもので、一九九〇年のことである――。

ＡＤＡは、Ａの分子上に存在するアミノ基を除去する酵素だ。たったそれだけの操作によって、ＡはＩとなる（図26）。

脳に特異的なＡＤＡＲ

遺伝子治療の対象となったＡＤＡ以外にも、ｍＲＮＡ上でＡからＩへの変換をおこなうＡＤＡがある。これを「ＡＤＡＲ（Adenosine deaminases that act on RNA）」と呼ぶ。

このＡＤＡＲが脳にひじょうに強く発現していること、そしてさらに、脳のｍＲＮＡ上に存在するＩの量が、他の組織に比べて多くなっていることが知られている。

一九九八年、米国ソルトレイクシティーにあるユタ大学のブレンダ・バスらは、ラットを用いた実験で、いろいろな組織のｍＲＮＡに、どのくらいの割合でＩが含まれているかを推測した。

その結果、筋肉のｍＲＮＡでは一五万ヌクレオチドに一個、心臓や肺のｍＲＮＡでは三万三〇〇〇ヌクレオチドに一個の割合でＩが検出されたのに対して、脳ではｍＲＮＡ一万七〇〇〇ヌクレオチドに対して一個と、他の組織よりも高頻度でＩが含まれていることがわかった。

バスらの考察によれば、ｍＲＮＡの平均長を一五〇〇ヌクレオチドと見積もれば、脳においてはおよそ一一本のｍＲＮＡにつき一個のＩが存在することになる。これに比べ、筋肉では一〇〇本のｍＲＮＡにＩ一個の割合となる。

ＤＮＡやＲＮＡにおける通常のワトソン-クリック塩基対形成においては、Ａとペアリングするのは Ｔであり、またＵである。この場合はｍＲＮＡだから、コドン-アンチコドンの遺伝暗号の法則に従えば、Ａを含むコドンに対してはＵを含むアンチコドンがペアリングを起こすことになる。

ところがＡがＩに変換した場合、事情が異なってくる。というのは、Ｉとのペアリングがもっとも起こりやすい塩基は、ＵではなくＣだからである。つまりＡがＩに変換したｍＲＮＡ上のコドンには、Ｃを含むアンチコドンがペアリングを起こすので、できるタンパク質のアミノ酸がそこで変わってしまう可能性が高くなるのだ（図27）。

こうした、Ａ→Ｉ編集に伴うアミノ酸置換は、もしかしたら脳のはたらきに大きな役割をはたしているかもしれないという。

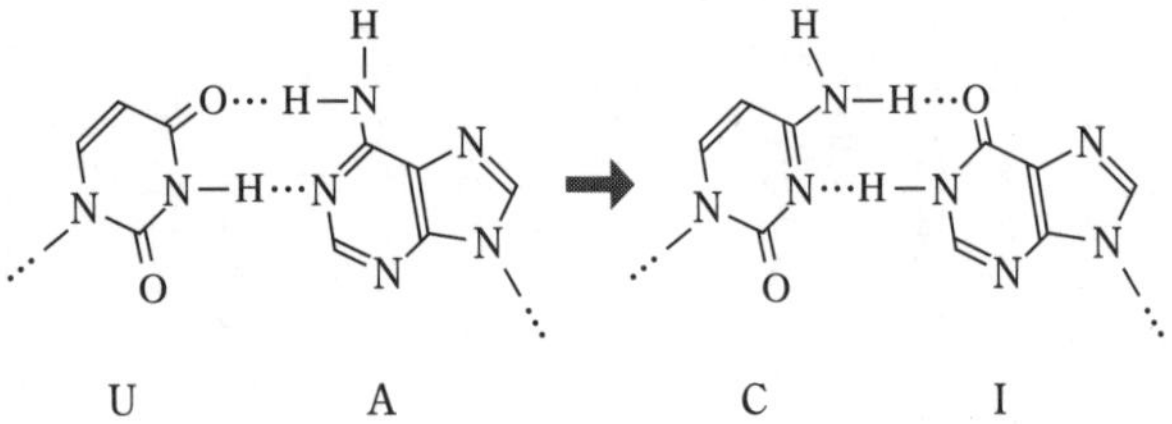
Aに対してUがペアリングしていたものが
Iに変換するとCがペアリングすることになる

図27　A→I編集に伴うペアリングの変化

神経細胞のつなぎ目「シナプス」における情報伝達に重要な役割を果たす「グルタミン酸受容体」のmRNAにおいて、しばしばこのA↓I編集がおこなわれている。その結果、この受容体を構成するサブユニットの一つ「Bサブユニット」のアミノ酸の一部が置換することが観察されているのである。

現在のところ、そのアミノ酸置換の生物学的意義については明らかではないが、今後の研究により、RNA編集の脳機能における存在意義が明らかにされるだろう。進展に期待したい。

シトシンをウラシルに変える

A↓I編集のほかにも、シトシンがウラシルに置換される「C↓U編集」という現象も知られている。この現象は一九八七年、なんと私たちヒトで発見された。

LDLとかHDLとかいった言葉を聞いたことのある人は多いだろう。一般的には「悪玉コレステロール」、「善玉コレステロール」などといわれることが多い、肝臓で作られ、脂質を各組織に運搬する小さな粒子だ。

この粒子を構成するタンパク質に、「アポリポタンパク質B」と呼ばれるものがあるが、これを作るmRNAで、C→U編集が発見されたのである。

このタンパク質は、肝臓と小腸の細胞で作られるが、じつは小腸の細胞では、六六六六番目のシトシンがウラシルへと置換される。これをおこなうのは「シチジンデアミナーゼ」と呼ばれる酵素で、これによってシトシンがウラシルへ置換された結果、その部分が通常のアミノ酸をコードするコドンから、なんと終止コドンへと変化してしまうのだ！

その結果、小腸で作られるアポリポタンパク質Bは、肝臓で作られるものよりも小さくなるのである（図28）。

すなわち、同一の遺伝子から細胞によって違うタンパク質ができるという意味においては、フィブロネクチンなどでみられる選択的スプライシングと同様の結果が得られるのである。

RNA編集の意味

せっかく複雑な装置を駆使して転写したmRNAに、なぜ改めて「編集」をしなければならないのだろうか。

トリパノソーマの場合、RNA編集を駆使することによって、必要最小限のDNAから最大限

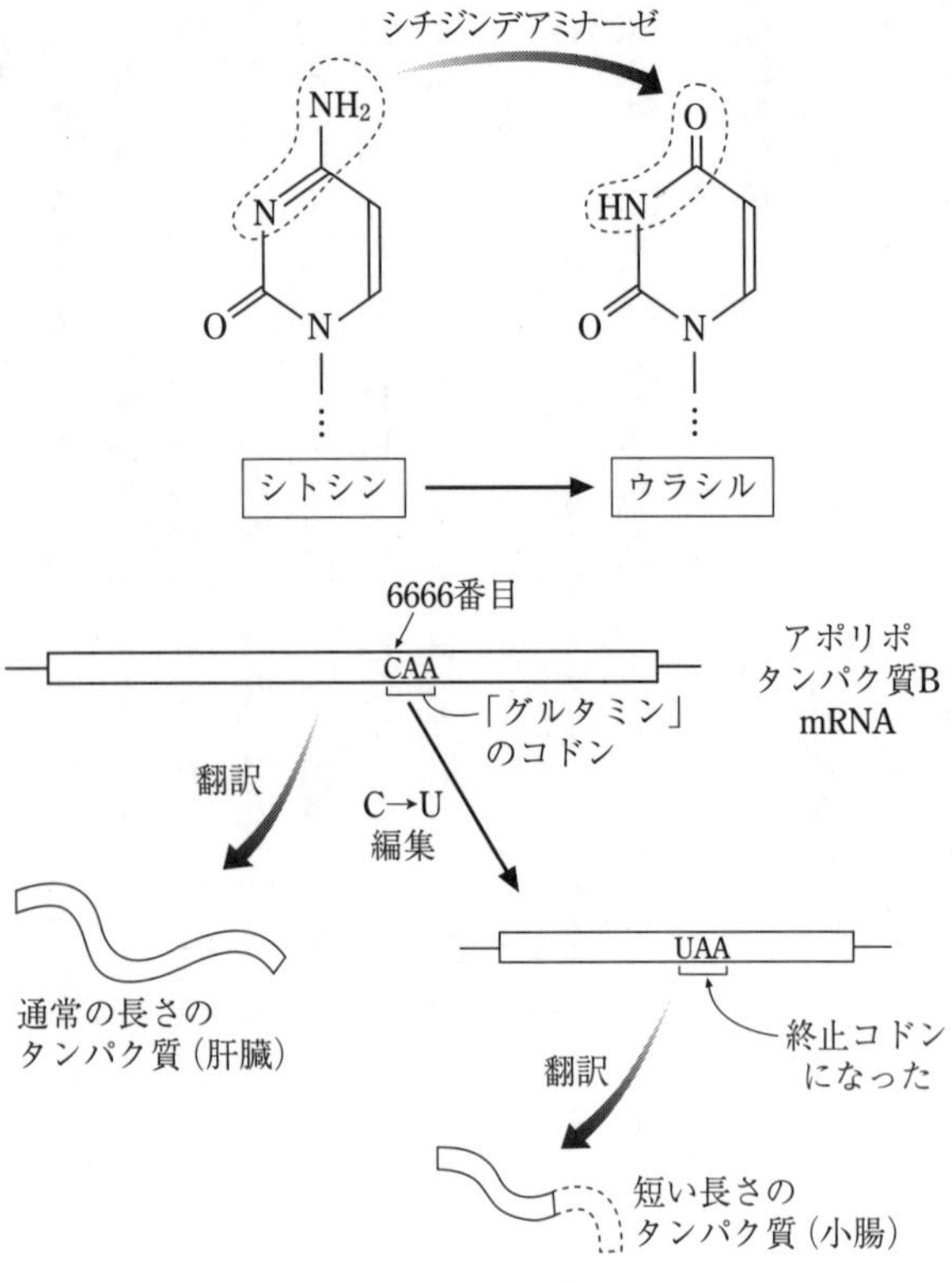
シチジンデアミナーゼ
NH_2
N
O
N
O
HN
O
N
シトシン
ウラシル
6666番目
CAA
アポリポ
タンパク質B
mRNA
「グルタミン」
のコドン
翻訳
C→U
編集
通常の長さの
タンパク質（肝臓）
UAA
終止コドン
になった
翻訳
短い長さの
タンパク質（小腸）

図 28　C → U 編集

の種類のタンパク質を作り出せるように進化してきたのではないかと考えられている。

また植物では、タンパク質の多様性を作り出すことを目的とするRNA編集ではなく、DNAに変異が起こったものをRNAレベルでもとに戻す、すなわちDNAに変異が起こっていても、タンパク質が作られる前にmRNAの情報を編集することで変異前と同じ状態に戻すことを目的としたRNA編集がおこなわれているらしい。

そして本節でご紹介したように、トリパノソーマなどのような小さな生物や植物だけではなく、私たち人間でもRNA編集がおこなわれていることもわかってきた。

生物はおそらく、DNAとしてもつ遺伝情報を多様に表現する技法を、RNA編集という手法のなかに結実させてきたものに違いない。

とはいえ、RNA編集のメカニズムについては、まだほとんどわかっていないのが現状である。今後の研究の進展によって徐々に明らかになっていくであろうが、残念ながらRNA編集の研究者はそれほど多くはない。RNA編集の真意を突き止めようという気概のある若者が、これからどんどん出てくることを願う次第である。

なお、余談としてご紹介しておくが、最近の研究では、脳の神経細胞におけるグルタミン酸受容体でのRNA編集率の低下が、筋萎縮性側索硬化症（ALS）の発症と関係があることが明らかになりつつあるという。また、その他の疾患のなかでも、RNA編集の異常がその発症に関与していることがわかってきたものもある。

第四節　輸送されるｍＲＮＡ　～核外輸送～

出口へ向かって

さて、核質内で合成され、さまざまな注文をクリアし、編集がなされた後、ｍＲＮＡは晴れて「成熟ｍＲＮＡ」となった。あとは、核の外、すなわち細胞質へと移動して、タンパク質合成装置リボソームへと突き進んでいかなくてはならないが、ここにもいくつかの〝関門〟がある。

まず最初の関門は、核を包み込む「核膜」に無数に開いた穴、「核膜孔」である。

バスケット

核膜孔（または核孔）は、しかしながら単なる穴ではない。核膜孔複合体という名前の、大きなタンパク質の塊が穴をふさぐようにして存在しているため、そのへんを浮遊するタンパク質がなんの気なしに〝国境越え〟をすることはできないのだ。

筆者の妻は学生時代にバスケットボール部に所属し、キャプテンまで務めていたほどのバスケット好きだが、それとは対照的に、筆者自身にとっては、バスケットボールはもっとも嫌いなスポーツの一つだった。高いところにある白い板（正式にはバックボードという）。そこに付けられたシュートの網（正式にはバスケット）。あれを見るだけでげんなりし、体育の時間ともなるとチームメイトから「なにしとんねん、あほう」などと罵声を浴びせられるのが筆者の学校生活の一コマであった。

それはそれとして、ここではあのボールをシュートする網、すなわち「バスケット」に注目してみたい。

バスケットは、直径約四五センチの赤いリングに、高さ四〇〜四五センチの白いネットが垂れ下がった構造をしている。この形からもわかるように、シュートされたボールが出入りする方向は、上から下へ、である。すなわちボールは、赤いリングのほうから入って垂れ下がったネットのなかを通り、下へ出る。物理的には下から上へも通り抜けが可能だが、それでは得点にならないから、誰も下から上へシュートしたりはしない。

核膜孔といったいなんの関係があるかって？

じつは、核膜孔複合体は、まるでこのバスケットのような構造をしているのである。

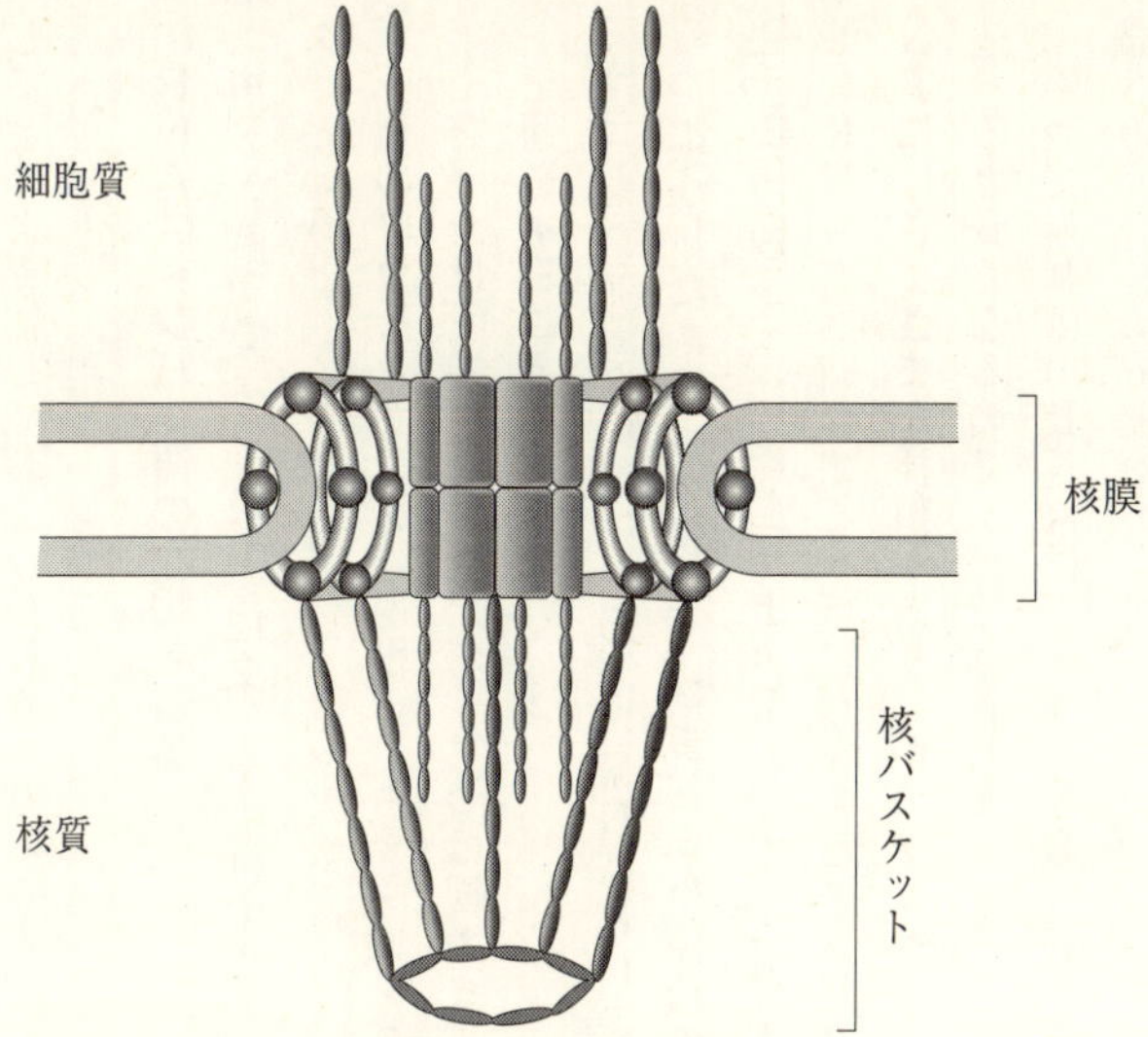

図 29　核膜孔複合体

バスケットボールは両方向で

図29が、核膜孔複合体の構造の概略だ。あたかも本物のバスケットがそこにあるかのような形をしたタンパク質の複合体で、核質へ突き出た部分はその名もずばり「核バスケット」である。

バスケットは、まるで細胞質から核内へボールが移動するように、ネットの部分を核内へ向けるように存在している。

だからといって、けっしてボールは一方通行的に核のなかへ入っていくばかりではない。逆に核から外へ出ていくものもある。mRNAはその代表格だ。

では、普通のバスケットボールでは得点にならないような方向へのボールの移動——つまり図29で下から上へ——は、はたしてどのようにしておこなわれるのだろうか。

ｍＲＮＡはタンパク質の衣服を着る

ｍＲＮＡがさまざまな〝注文〟を受けて成熟していく過程のことを正式には「プロセッシング」という。

一連のプロセッシングの過程――キャッピング、ポリＡテイル、スプライシング、ＲＮＡ編集――を経たはずのｍＲＮＡだが、じつは裸のまま――つまりｍＲＮＡ単独――ではこのバスケットを通過することはできない。

プロセッシングの最中から、ｍＲＮＡにはさまざまなタンパク質がべたべたと結合しはじめる。こうしたタンパク質を「さまざまな種類の核リボ核タンパク質（heterogeneous nuclear ribonucleoprotein、略してｈｎＲＮＰ）」と呼ぶ。ややこしい名前だが、いいかえれば「リボ核酸（ＲＮＡ）と結合する、核に存在するタンパク質の有象無象《うぞうむぞう》」といった感じである――ｈｎＲＮＰにはさまざまな種類があり、かつプロセッシングに一定の役割をもっているのだが、それを述べると長くなるので本書では省略する――。

いってみればｍＲＮＡは、ｈｎＲＮＰというタンパク質でできた衣服を身にまとっているようなもので、その衣服を介して、プロセッシングや核膜孔通過をなしとげているといえる。この、

hnRNPスーツを着用したmRNAを、「mRNP（メッセンジャーリボ核タンパク質複合体）」と呼ぶ。

核膜を通過するには、じつはこうしたhnRNPスーツ以外にも、いくつかのタンパク質でできた衣服があり、しかもその着用が、これまで述べてきた〝注文〟とひじょうに密接に関係していることがわかってきた。

たとえば、米国ペンシルヴァニア大学のギデオン・ドレイファスの研究室に留学していた片岡直行（現・京都大学ウイルス研究所）は二〇〇〇年、スプライシングを受けたmRNAに結合する核内タンパク質を初めて発見した。「Y14」と命名されたこのタンパク質は、核と細胞質をシャトルするタンパク質であり、スプライシングを受けていないmRNAや、スプライシングを受けてはずれたイントロンには結合しないことがわかった。

すなわちスプライシングは、たんにイントロンを除くという意味だけではなく、Y14のようなタンパク質を用いることで、mRNA上に「こいつはきちんとプロセッシングを受けたmRNAですよ」という情報を与える反応でもある、ということも明らかになったのである。そしてこれが、後にご紹介する重要な「エクソン・ジャンクション複合体」（121ページ）の発見へとつながった。

スプライシングの注文を受けたmRNAは、きちんとしたアフターサービスを受けたあと、核膜から外への旅にでかけることが可能になる、というわけだ。

輸出されるmRNA

最近は専門家も、その研究対象にわかりやすい名前をつける場合が多い。えてして専門用語は難解で、一般の人はそれを聞いただけではなんのことやらわからないといった事例が多いのだが、セントラルドグマの場合は、とてもわかりやすいネーミングが多いのが特徴だ。

いま話題にしている核膜孔複合体の「核バスケット」なども、名前を聞けばすぐその形がイメージされるほど、ぴったりそのまんまである。

mRNPがバスケットを通過するのに必要なタンパク質として、「mRNA輸出タンパク質」と呼ばれるものが知られている。

輸出。そう、核から細胞質への「輸出」である。これは明らかにDNAの視点であり、けっして核から細胞質への「輸入」とはいわないし、核からの「とりだし」ともいわない。DNAを基点とした情報の方向性は、こうしたネーミングのうえではひじょうに理解しやすいツールではあるけれども、それによって視点——なんでもDNAを中心に考える視点——が固定されてしまう危険性もはらんでいるといえよう。

話がそれた。

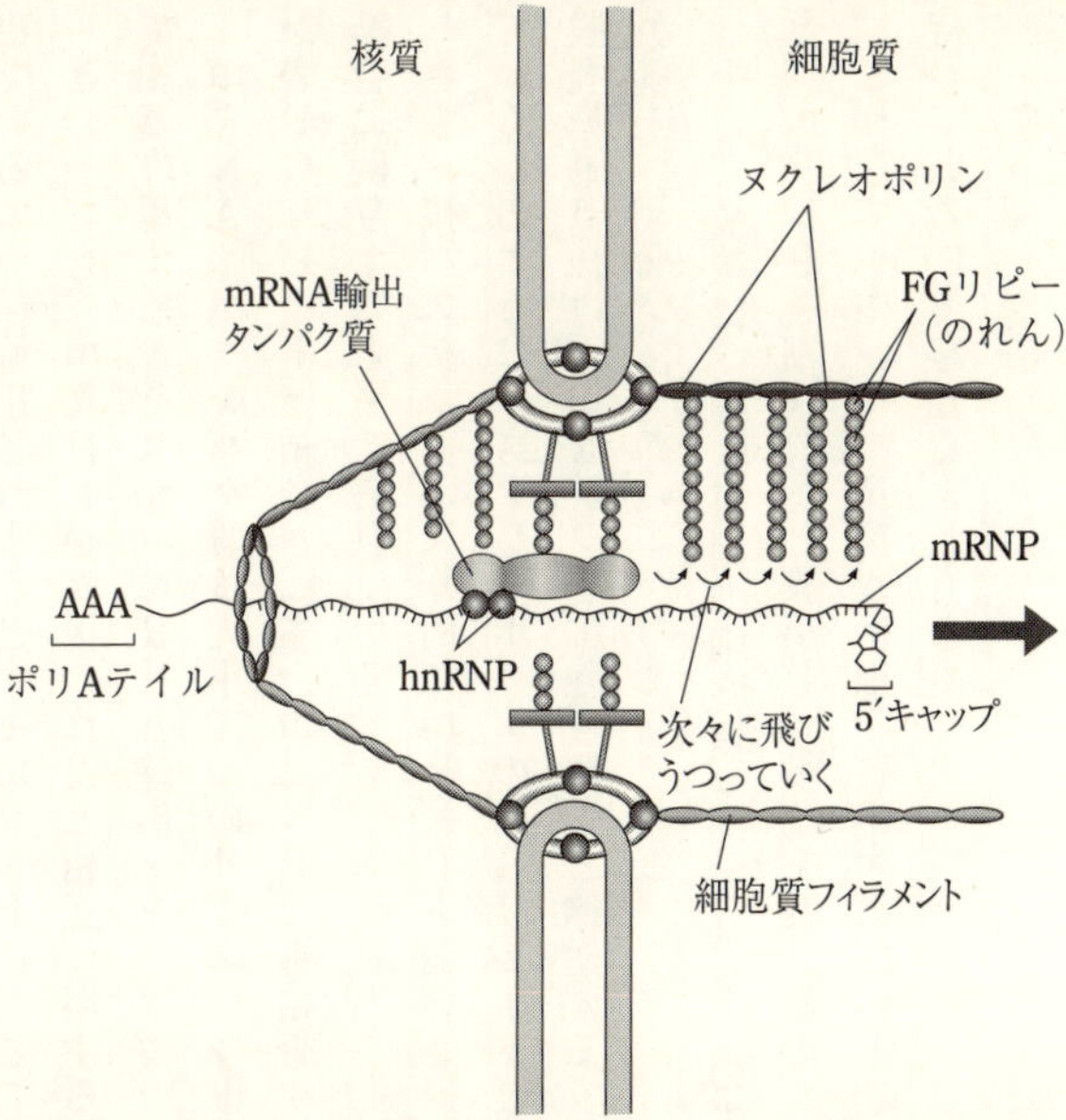

図 30　mRNA の輸出　ロディッシュ他『分子細胞生物学 第 5 版』（石浦章一他訳　東京化学同人）より改変

核バスケットを含めた核膜孔複合体は、「ヌクレオポリン」という、安っぽいスナック菓子を連想させるような名前の、三〇種類ほどのタンパク質からできている。ヌクレオポリンには、フェニルアラニン（F）、グリシン（G）という二種類のアミノ酸が交互に連なった「FGリピート」と呼ばれる領域があって、まるで核膜孔の内部に向かって突き出たのれんのような格好をしている（図30）。

こののれんは、核バスケット、核膜孔、細胞質フィラメントのどの部分からも中心に向かって突き出ているので、輸出されようとするｍＲＮＰは、こののれんと相互作用することになる。
といっても、ｍＲＮＰが直接のれんと相互作用するわけではなく、あるタンパク質を仲介にして相互作用する。それが「ｍＲＮＡ輸出タンパク質」だ（図30）。
ｍＲＮＡ輸出タンパク質は大小二つのサブユニットからなり、大サブユニットはヌクレオポリンのＦＧリピートと結合し、またｍＲＮＰとも結合する。小サブユニットも、ＦＧリピートとの結合に関与すると考えられている。

さて、核バスケットの入り口でｍＲＮＰを結合させた輸出タンパク質は、あたかも雲梯《うんてい》を渡っていくかのように、ヌクレオポリンのＦＧリピートとつぎつぎに結合、解離を繰り返しながら核膜孔を通り抜け、ｍＲＮＰを細胞質側へと輸送する。まるで足にｍＲＮＰをくっつけたサルが枝から枝へと飛び移っていくかのようである。

そして最後に、細胞質側の細胞質フィラメントの先端付近のＦＧリピートにまで到達したあと、ｍＲＮＰを細胞質へと放出し、役割を終えるのだ。

こうして、ついにｍＲＮＡは細胞質の大海原へと船出する。その先にさらにべつの〝関門〟が待っていることを知るよしもなく。

コラム2　無駄でもなければ無意味でもない

　バーバラ・マクリントックが、トウモロコシの研究から「トランスポゾン」と呼ばれる因子を発見したのは、一九四〇年のことだ。トランスポゾンは、現在「可動性DNA因子」あるいは「転位性因子」と呼ばれるDNAのことで、私たちヒトゲノムの、なんと四五%を占めることがわかっている。

　マクリントックはその発見により一九八三年にノーベル生理学医学賞を受賞し、一九九二年に世を去った。生涯を「孤高の人」として過ごしたことで知られ、彼女の人となりについてはエヴリン・フォックス・ケラー著『動く遺伝子〜トウモロコシとノーベル賞〜』(石館三枝子・石館康平訳、晶文社)に詳しい。

　さてこの「可動性DNA因子(以下、可動性DNAと略す)」であるが、ゲノムのなかでその位置が移動するという特徴をもつことから、この名が付けられた。だいたい数百から数千塩基程度の長さをもつDNA断片である。

可動性ＤＮＡは、大きく二つのカテゴリーに分けられる。

①ＤＮＡトランスポゾン：ＤＮＡそのものがカット・アンド・ペースト（切って貼る）の要領でゲノム内の他の領域に移動する。

②レトロトランスポゾン：ＤＮＡからＲＮＡが合成され、そのＲＮＡからさらに逆転写酵素（コラム１参照）により再びＤＮＡが合成され――すなわちコピー・アンド・ペースト（コピーして貼る）の要領で――ゲノム内の他の領域に移動する。

このことからもわかるとおり、レトロトランスポゾンは移動するごとに数が増えていくことになるのだが、ＤＮＡトランスポゾンでも、これがＤＮＡ複製時に移動した場合、数が増えることがある。

ヒトゲノムに存在する四五％の可動性ＤＮＡのうち、じつに九割を「レトロトランスポゾン」が占めている。

そのレトロトランスポゾンのなかでも多いのが、「*Alu* 因子」と呼ばれる三〇〇塩基程度の長さのＤＮＡだ。ヒトゲノム中では遺伝子と遺伝子の間、イントロンのなかなど一一〇万ヵ所も存在するらしい。

真核生物の遺伝子は「イントロン」という、タンパク質の情報をもっていない領域によって「エクソン」に分断されていることをお話しした（45ページ参照）。

大腸菌や乳酸菌をはじめとする細菌（原核生物）には、このようないっけん無駄にみえる塩基配列は存在しない。遺伝子は「エクソン」だけからなるので、そのゲノムサイズ（全DNAのトータルの大きさ）は必要最小限ですんでいる。

なぜ真核生物は、わざわざイントロンなるお荷物を保有しているのであろう。

じっさいにイントロンは、真核生物において広範囲に認められるが、その長さや塩基配列などは種によってさまざまである。これは、タンパク質をコードするエクソンが、近縁の種間あるいは真核生物全体においてきわめて類似している（「ホモロジーが高い」という）のと対照的であり、このことからも、イントロンには機能的な意味はほとんどないことがわかる。

しかしながら、原核生物から真核生物への進化において、意味もなくイントロンがゲノムに付与されたということはあるまい。なんらかの生物学的意義があるはずだ。

その最大の意義の一つが、「エクソンシャッフリング」という現象であると考えられている。

トランプ遊びで、カードを交ぜる（きる）ことを「シャッフルする」というが、それと同じ意味であり、この場合、異なる遺伝子間で、エクソンが交じりあうことをいう。

それぞれの *Alu* 因子はみな同じ塩基配列であるから、異なる位置にある *Alu* 因子同士

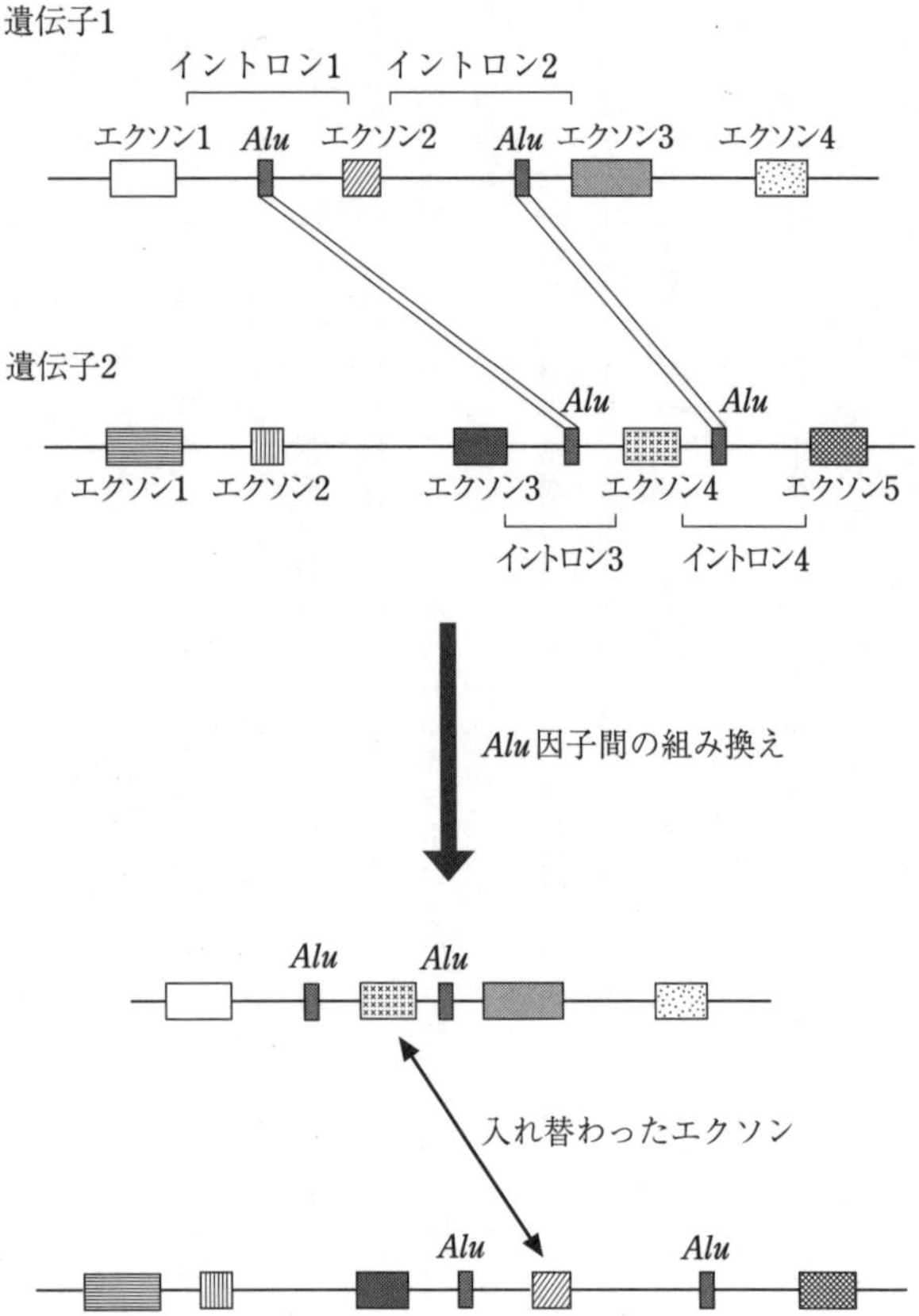

図31　エクソンシャッフリング

で「二重乗り換え」という現象が起きるのだ。

図31をごらんいただきたい。遺伝子1におけるイントロン1の *Alu* 因子とイントロン2の *Alu* 因子が、遺伝子2におけるイントロン3の *Alu* 因子とイントロン4の *Alu* 因子との間で組み換えを起こすと、それぞれの間に存在する遺伝子1のエクソン2、遺伝子2のエクソン4が、それぞれ入れ替わってしまうことになる。

このような、*Alu* 因子のようなゲノム内でたくさんのコピーが存在する可動性DNAを介したエクソンの入れ替えが「エクソンシャッフリング」という現象であり、これによって遺伝子の多様化が生じ、生物進化に一役買ってきたのではないかと考えられている。

イントロンはきわめて重要な部分だったのだ。

おそらく進化の過程で、なんらかの原因により偶然にゲノムにイントロン（正確にはイントロンの祖先）が挿入されてしまった生物が、やがて多様化への道を歩むこととなり、現在の多彩な真核生物の世界を作り上げることになったのではないだろうか。

第三章

翻訳 ～mRNAからタンパク質へ～

第一節　お試し翻訳と品質チェック

それではいよいよ、セントラルドグマの最終段階であるタンパク質合成——遺伝暗号の翻訳——の局面へと話を進めていくことにしよう。

核バスケットを通過し、細胞質の大海原へと船出したmＲＮＡの行き着く先、それがタンパク質合成装置「リボソーム」である。ところがここに、まだ〝関門〟が口を開けて待っていた。

mRNAの品質管理機構

私事で恐縮だが、子供が生まれてから、幼児番組を見る機会が増えた。先日、その一つを見ていたら、ポテトチップスの製造工程を紹介する映像が出てきた。

ポテトチップスは、収穫したジャガイモを洗浄し、使い物にならないものを除き、大きさを揃え、スライスし、油で揚げてできあがる。

使い物にならない形が崩れたものなどは、人が見た目で判断し、ぽいぽいと取り除いていく。

これこそまさに、品質管理の原型である。

使い物にならないものは、商品として扱うわけにはいかない。もっともポテトチップスの場合、袋を開けた時点でバラバラなものはバラバラになっているから、ある程度ジャガイモの形が崩れていてもわからないとは思うのだが。

いずれにしても、そうしたジャンクな代物は、ポテトチップス作製には不向きである。

ｍＲＮＡにも、じつはそうした品質管理機構が存在することが知られている。これを「ｍＲＮＡサーベイランス」と呼ぶ。

すなわちｍＲＮＡとして不備のあるもの、また未完成なものは分解し、変なタンパク質ができてしまわないように管理するメカニズムが存在するのだ。

ここで紹介するのは、まずリボソームで「お試し翻訳」がおこなわれ、その結果〝ジャンク〟であったｍＲＮＡがその場ですみやかに分解されるという話である。

終止コドンがあってはまずいだろう

選択的スプライシング時にうまくエクソン同士がつながらず、一塩基分ずれて「フレームシフト」（コドンの読み取りが一塩基ずつずれ、できるアミノ酸ががらっと変わってしまうこと）が引き起こされ、その結果として、ｍＲＮＡの途中で終止コドンができてしまう場合がある。その

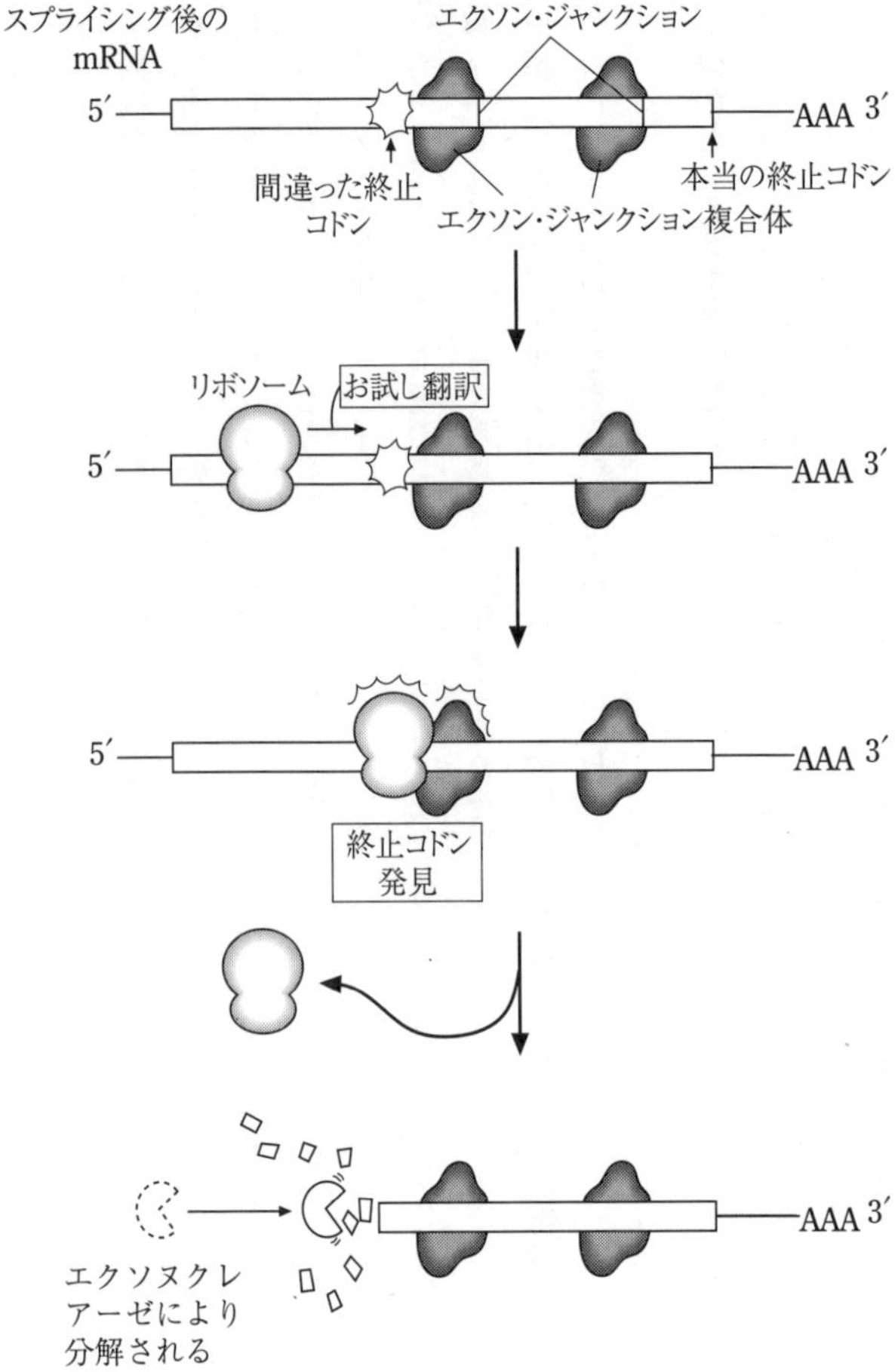

図 32　分解されてしまう不具合な mRNA

ため、終止コドンが途中に存在してしまっているmRNAを割り出して、分解してしまう機構が存在する。このメカニズムは「終止コドン介在性mRNA分解機構（nonsense-mediated mRNA decay：略してNMD）」と呼ばれている（図32）。

48ページで述べたように、mRNAがスプライシングを受けてイントロンが除去されると、エクソン同士はすみやかに結合する。その際、エクソン・ジャンクション複合体（EJC）と呼ばれるタンパク質の塊が、そのエクソンの接合部分——すなわちエクソン・ジャンクション——よりもやや5′側（二十数塩基ほど5′側）に結合することが知られている。

さてここからだ。

大海原に浮遊するリボソームに到達したmRNAが、いきなりそのまま、なんの苦労もなく翻訳作業に供されることはまずない。待ち受ける関門のことなど知らず、嬉々としてリボソームにやってきたmRNAは、ここで、最後の「品質チェック」を受ける。

すなわちmRNAはまず、リボソーム上で「お試し翻訳」を受けるのである。

お試し翻訳の結果、正常なタンパク質ができることが確認されたmRNAは、品質チェックに合格したものとみなされ、晴れてリボソームで本格的な翻訳に供される。

ところが、このお試し翻訳による品質チェックがおこなわれ、エクソン・ジャンクション複合体よりも5′側に終止コドンが見つかってしまったmRNAを待ち受ける運命は、じつに悲劇的である。

正常にスプライシングが起こったとき、終止コドンはほとんどの場合、遺伝子のもっとも3′側にあるエクソンの3′末端に存在しているため、その終止コドンより3′側にはもはやエクソン・ジャンクション複合体は存在しないはずだ。それなのに、リボソームが終止コドンを発見し、それがまだエクソン・ジャンクション複合体よりも5′側であったとき、それは正常なmRNAの状態ではない（つまり、正常なmRNAでは終止コドンより3′側にはエクソン・ジャンクション複合体があるはずがないから）と判断されてしまう。その結果この不完全なmRNAは、エクソヌクレアーゼと呼ばれる酵素によってすみやかに分解されてしまうのである（図32）。

なお、真核生物のモデル生物としてよく用いられる出芽酵母の場合には、エクソン・ジャンクション複合体には依存しないで終止コドン介在性mRNA分解機構が生じることが知られており、その場合にエクソン・ジャンクション複合体のかわりの指標となるのは「DSE（downstream element）」と呼ばれるmRNA上の塩基配列だ。このDSEよりも前（5′側）に終止コドンがあった場合には、そのmRNAは終止コドン介在性mRNA分解機構により分解されると考えられている。

お試し翻訳は核内でできる？

このように、ｍＲＮＡの品質チェックは、リボソームでの「お試し翻訳」によってなされるため、ひじょうによくできたメカニズムであるようだ。しかしながら、よくよく考えると、細胞質へ移動する前の段階、すなわち核のなかで先に品質チェックしておいたほうが、ジャンクなものまで核膜孔を通過させる必要もなく、〝経費節減〟の観点からも都合がよいのではないかとも思えてしまう。

ここで、「核内翻訳」という興味深い話をご紹介しておこう。

英国オックスフォード大学のピーター・クックのグループは二〇〇一年、哺乳類細胞の核のなかでタンパク質への翻訳がおこなわれていることを発見し、米科学誌『サイエンス』に発表した。

クック研究室のポストドクター（博士研究員）であったフランシスコ・イボラは、細胞質部分を取り除いた細胞核のなかでタンパク質合成反応がみられること、また、細胞の膜をスカスカにした「透過性細胞」と呼ばれる細胞に、ｔＲＮＡと結合したアミノ酸「リシン」を取り込ませたところ、それが核のなかに移行していることをみいだしたのである。

タンパク質合成反応がおこなわれるのは、唯一リボソームにおいてであるから、これはもしかすると、細胞質にあるはずのリボソームがじつは核のなかにもあって、そこでタンパク質が作られているのかもしれない！

考えてみれば、リボソームは細胞核のなかにある「核小体」で作られるから、核のなかにリボソームが存在し、かつそれが機能をもっていてもけっしておかしくはない。いやむしろ、核小体のなかで作られたリボソームが細胞質へ出ていくときには、必ず核内を通らなければならないから、機能的であるにせよないにせよ、つねにリボソームは核のなかにいるはずなのだ。

ただ、イボラらが発見した核内翻訳現象が、終止コドン介在性ｍＲＮＡ分解機構（図32）と関わっているのかは明らかではないし、また反論も出ているため、これが正しいかどうかもまだわからない。

筆者は一九九九年にクック研究室に三ヵ月ほどお世話になったことがあるが、その時すでにイボ（イボラの愛称）はこの萌芽的なデータを得ていた。彼、そのスペイン語なまりの英語でとめどなく話す好漢が、ラボセミナーで得意げに話していたのをいまでも鮮明に覚えている。彼の肩をもちたいという気持ちはあるが、少なくとも現時点においては、まだ議論に決着はついていないというほかはない。今後の研究に期待がかかる。

第二節　rRNAとリボソーム

リボソームとはどういう「装置」か

それでは、いよいよタンパク質合成装置「リボソーム」の話に入っていこうと思うが、まず最初にお話ししておきたいことがある。それは、タンパク質を合成するからといって、その装置自体が必ずしもタンパク質であるわけではないということだ。

そもそもリボソームは、一九三〇年代に、細胞を粉々に壊したあとの溶液のなかにみいだされた、人工的な破砕により壊れた微粒子——ミクロソーム——として観察されたのが始まりである。

その後、それがじつは破砕の産物などではなく、生きた細胞のなかにもちゃんとあることが電子顕微鏡を使って明らかにされ、さらにその分子の三分の二を占める部分がRNAからできていることから、「リボソーム」と名づけられたのである——RNAの正式名称は「リボ核酸」で、

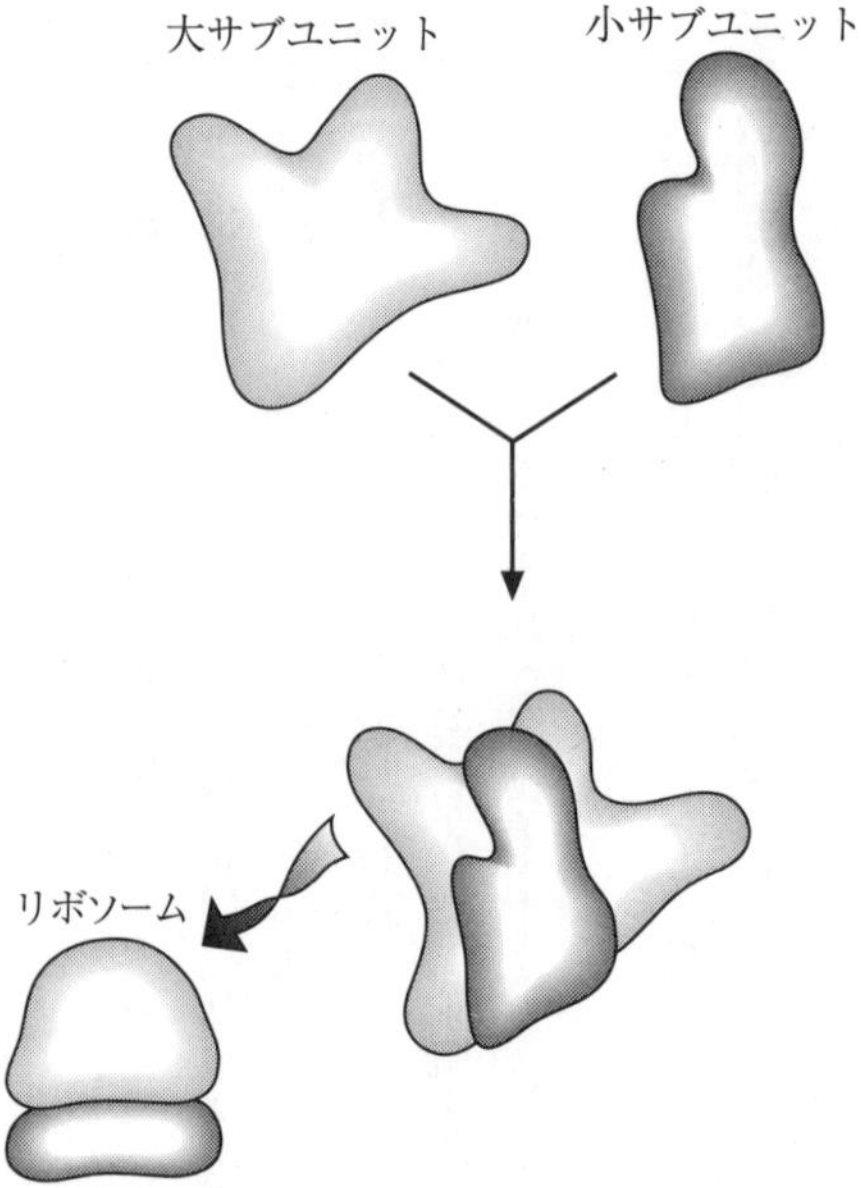

図33　二つのリボソームのサブユニット

それからできた粒子（ソーム）という意味――。

そう。リボソームは、そのほとんどがRNAなのである。

このリボソームを構成するRNAは「rRNA（リボソームRNA）」と呼ばれている。

リボソームは、その体積の三分の二がRNAであるとはいえ、残り三分の一のタンパク質部分だけでも、なんと五〇種類以上ものタンパク質（リボソームタンパク質と呼ぶ）からなるという、じつに巨大な装置なのである。

リボソームは二つの大きさの異なる「サブユニット」からできている（図33）。

サブユニットというのは、タンパク質が機能を果たす際に、いくつかのタンパク質が寄り集まったそれぞれを指す言葉であったが（29ページ参照）、リボソームの場合、その三分の二がRN

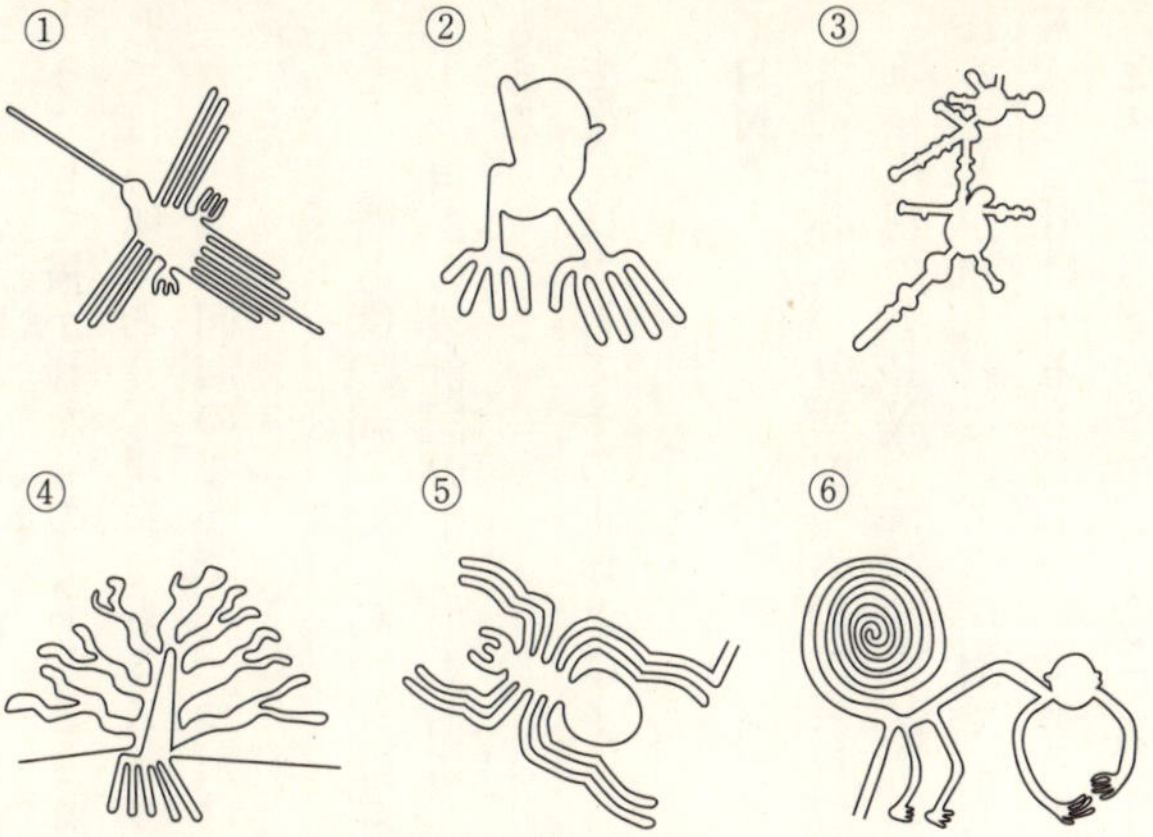

図34　「ニセ」の地上絵はどれだ？

Aでできている場合でも、それぞれの塊を「サブユニット」と呼びならわしている。つまりリボソームの場合、大小二つのサブユニットのそれぞれが、数十種類のタンパク質とRNAからできているのである。

この大小二つのサブユニットが、あたかもmRNAをハンバーガーのように挟み込むようにして受け入れ、アミノ酸を重合させてタンパク質を合成するのだ。

ナスカの地上絵か宇宙ステーションか

ところで、図34を見ていただきたい。

この図は、南米ペルーのナスカ平原に描かれた、「ナスカの地上絵」として有名なものを並べたものである。

これらの地上絵は、かつて南米一帯を支配していたインカ帝国によって、酸化した岩石を取り除き、まだ酸化していない下層の岩石を露出させるようにして描かれたものであるとされているが、いったいなぜ、なんの目的で描かれたのかに関しては不明であり、現在でもミステリーファンを虜《とりこ》にしている。

さて、この図34のなかで、一つだけナスカの地上絵ではないものが含まれている。おわかりだろうか？

そう。番号③の絵こそ、真っ赤なニセモノ。その形はあたかも、宇宙空間に展開される宇宙ステーションの設計図のようでもあるし、『スター・ウォーズ』に出てくる宇宙船のそれのようでもある。

では、はたしてその正体とは？

rRNA

その正体は、リボソームの主要成分である「リボソームRNA（rRNA）」である。

真核生物のrRNAは、リボソームの大サブユニットに三種類、小サブユニットに一種類含まれることが知られている。図34で示したのは、このうち小サブユニットに含まれる「18S rRNA」と呼ばれるものの一部である。

この「18S」のSは、「沈降係数 Sedimentation coefficient」と呼ばれる単位である。沈降係数は、それぞれのタンパク質やRNAなどの生体高分子に固有の値で、これらの分子が密度勾配をかけたショ糖溶液のなかで遠心分離機にかけたときに、どれくらいの速度でショ糖溶液のなかを移動するかをあらわす値である。この数値が大きいほど、移動速度が速いことをあらわしている。この沈降係数は、その分子の大きさと形の両方に左右される。リボソームならびにrRNAについて記載する場合、分子の大きさではなくこの「沈降係数」を付記するのが慣例となっているわけだ。

さて、RNAは通常一本鎖のままで存在するが、ただそれだけでは不安定なので、自分の分子のなかで複雑に折り畳まれ、ある一定の構造——二次構造ならびに三次構造——をとって存在しているのが常である。

地上絵に紛れ込んだのは、「18S　rRNA」の二次構造の一部であったというわけだ。なおリボソームの大サブユニット中に存在するほかのrRNAも、図示した「18S　rRNA」と同じように、きわめて複雑な構造をとっている。

それではこのrRNA、いったいどのような役割をはたしているのだろうか。

骨組みを作る

タコやイカをはじめとする軟体動物には、私たち脊椎動物には例外なく存在する硬い骨がないのはどうしてか。

どうしてかと問われても、軟体動物とはそういう動物なのだと答えるしかない。すなわちタコやイカには「骨」などという、無理に陸へ上がったがために無理やり作らざるをえなかった構造が、必要なかったのである。

私たち脊椎動物と同様、やはり陸上へ進出し、脊椎動物以上の繁栄を誇っている昆虫類（節足動物）に骨はない。そのかわり、クチクラと呼ばれる硬い物質でできた「外骨格」が身体の外側を覆っている。

したがって、ものを作るのに骨組みをまず組み立て、そこに外側の皮膚を貼っていくという発想は、おそらく脊椎動物特有のものであろう。もし節足動物の一部の種が私たち人間のように大脳を発達させたら、おそらく外枠の骨組みを作って、そのなかを充塡していく方式でものを作ったに違いない。

もうお察しのことと思うが、ｒＲＮＡの第一の役割は、リボソームの「骨組み」としての役割だ。

あたかも発見された白骨死体の頭蓋骨に粘土を貼り付けていき、生前の顔を復元するように、リボソームもｒＲＮＡという頭蓋骨に、リボソームタンパク質という粘土をくっつけるようにしてなりたっていると考えてもよかろうが、残念ながらこの骨組みは、リボソームタンパク質によって完全に覆い隠されるわけではなく、ほとんどの部分で露出したままになっている。

リボソームを構成するタンパク質は、ｒＲＮＡが折り畳まれてできた三次構造の、溝ができたりギャップができたりした部分を埋めるようにｒＲＮＡ上に分散しているのである。したがっ

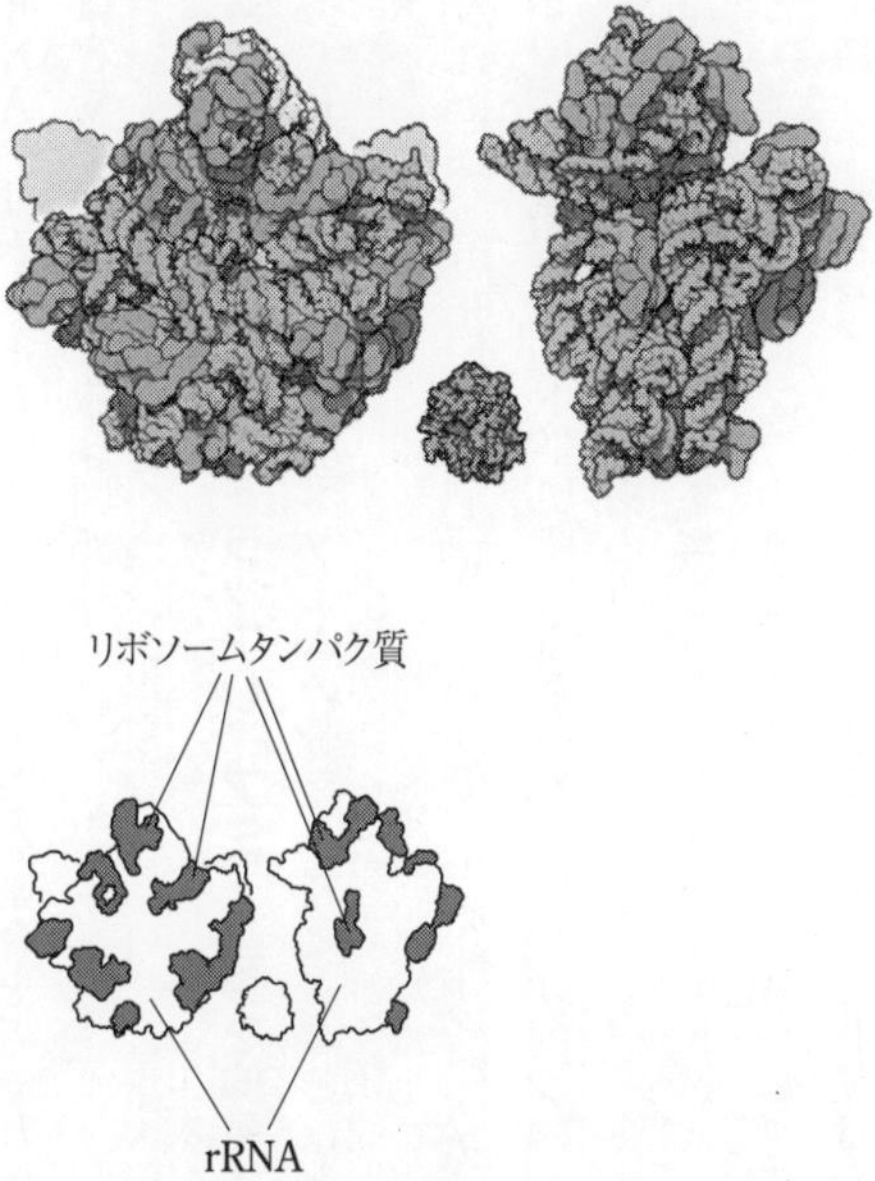

図 35　原核生物のリボソームの構造　上図：David S. Goodsell. The Molecular Perspective：The Ribosome. *The Oncologist* 5, 508–509, 2000 より

て、rRNAのリボソーム構造に占める大きな割合を考えれば、rRNAが単なる骨組みではないことは容易に想像される（図35）。

mRNA、tRNAをうまくトラップし、アミノ酸鎖を伸長させる

実際、rRNAはたんにリボソームの骨組みにとどまるほど消極的な物質ではないことがわかっている。

rRNAには、mRNA、tRNAと結合する部分がある。これがなにを意味するかといえば、リボソーム上でのmRNAとtRNAの正しいポジショニング（位置決め）を、rRNAがおこなっているということであろう。

さらに、リボソームの大サブユニットに存在するrRNA（たとえば大腸菌では「5S rRNA」と「23S rRNA」）のうち、「23S rRNA」は、アミノ酸とアミノ酸をつなげてタンパク質の鎖——ポリペプチド鎖——を形成する触媒としてはたらいている。

つまり、リボソームの中心機能であるタンパク質合成において、そのもっとも大切な現象であるmRNAとtRNAの位置決めと、アミノ酸の重合反応は、リボソームタンパク質ではなく、じつにrRNAによってになわれていたのである。

このように、タンパク質でできた酵素（エンザイム）と同様に化学反応を触媒する機能をもっ

たRNAは、一般的に「リボザイム」と呼ばれている。リボソームは、巨大なリボザイムだったのである。

第三節　タンパク質の合成　～翻訳のメカニズム～

ハンバーガーの作りかた

いまや、日本全国どこへ行ってもその手の看板を見かけるほど大人気の「ハンバーガー」。老若男女すべてが、それを食べるときだけはなんの恥ずかしげもなく大口を開けることが許される、愛すべきハンバーガー。

食べてばかりいないで、たまにはその「作りかた」に注目してみたい。

ハンバーガーの特徴は、二枚のぷっくり膨れたパンの間に、いろんな食材が挟まっていることだ。したがって、まず下のパンの上にレタスやハンバーグ、目玉焼きなどのメイン食材を盛り付ける。そして最後に、上のパンをかぶせてできあがり。いたってシンプルな作りかただ。

もし人間を自由自在に縮める装置が発明され、宇宙旅行と同様に、体内のミクロな細胞旅行ができるようになったら、細胞のなかにきっと、たくさんのハンバーガーが浮かんでいるのを目の

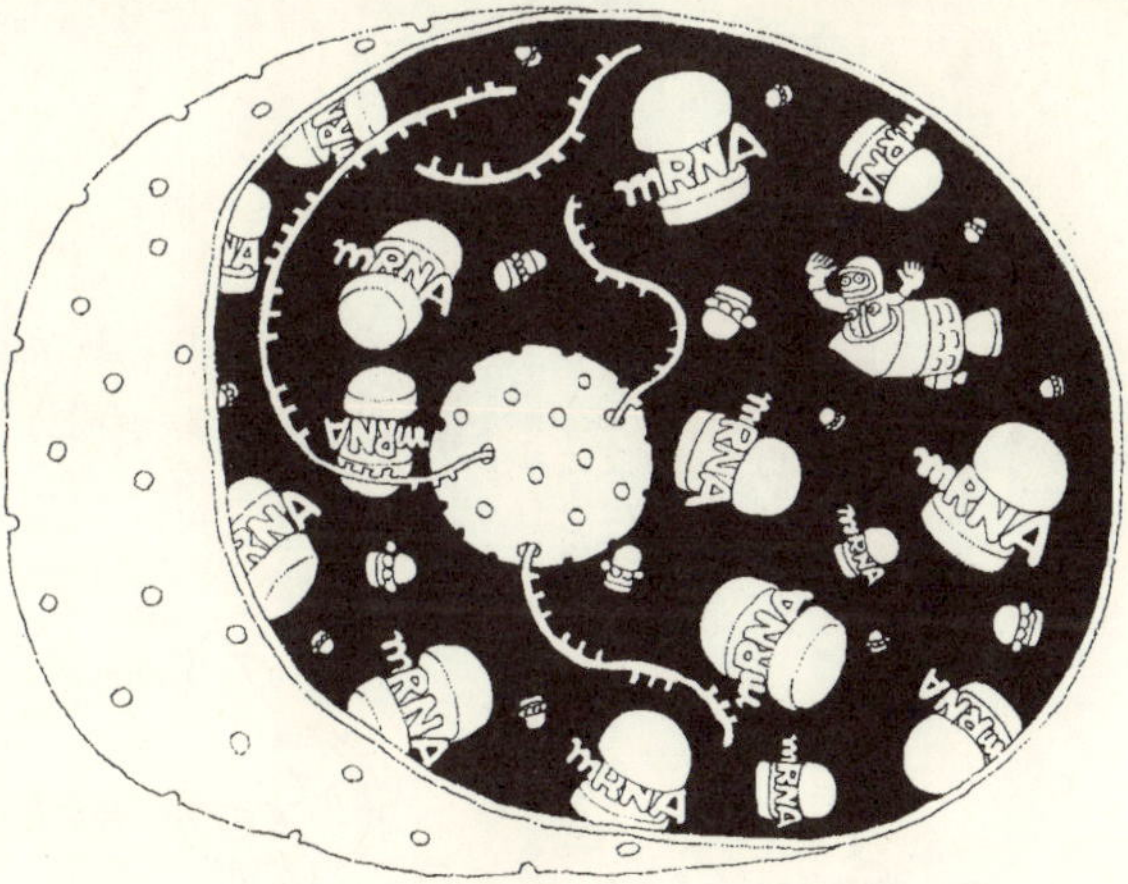

mRNA バーガー

当たりにできるに違いない。

浮かんでいるのはチーズバーガーか、それともてりやきバーガーか。

いやいや、それはｍＲＮＡバーガーである。

下のパンにトッピング　～開始複合体の形成～

タンパク質合成装置であるリボソームが、大小二つのサブユニットからできていることを覚えておられよう。これがｍＲＮＡバーガーにおける上下二枚のパンである。

そしてちょうどその中間あたりに挟まっているような感じで、ｍＲＮＡが結合している（図36）。中間あたりというのは微妙な表現だが、ほんとうはｍＲＮＡは、下の小さなパン（小サブユニット）のなかのほうにやや埋もれる格好で結合する。

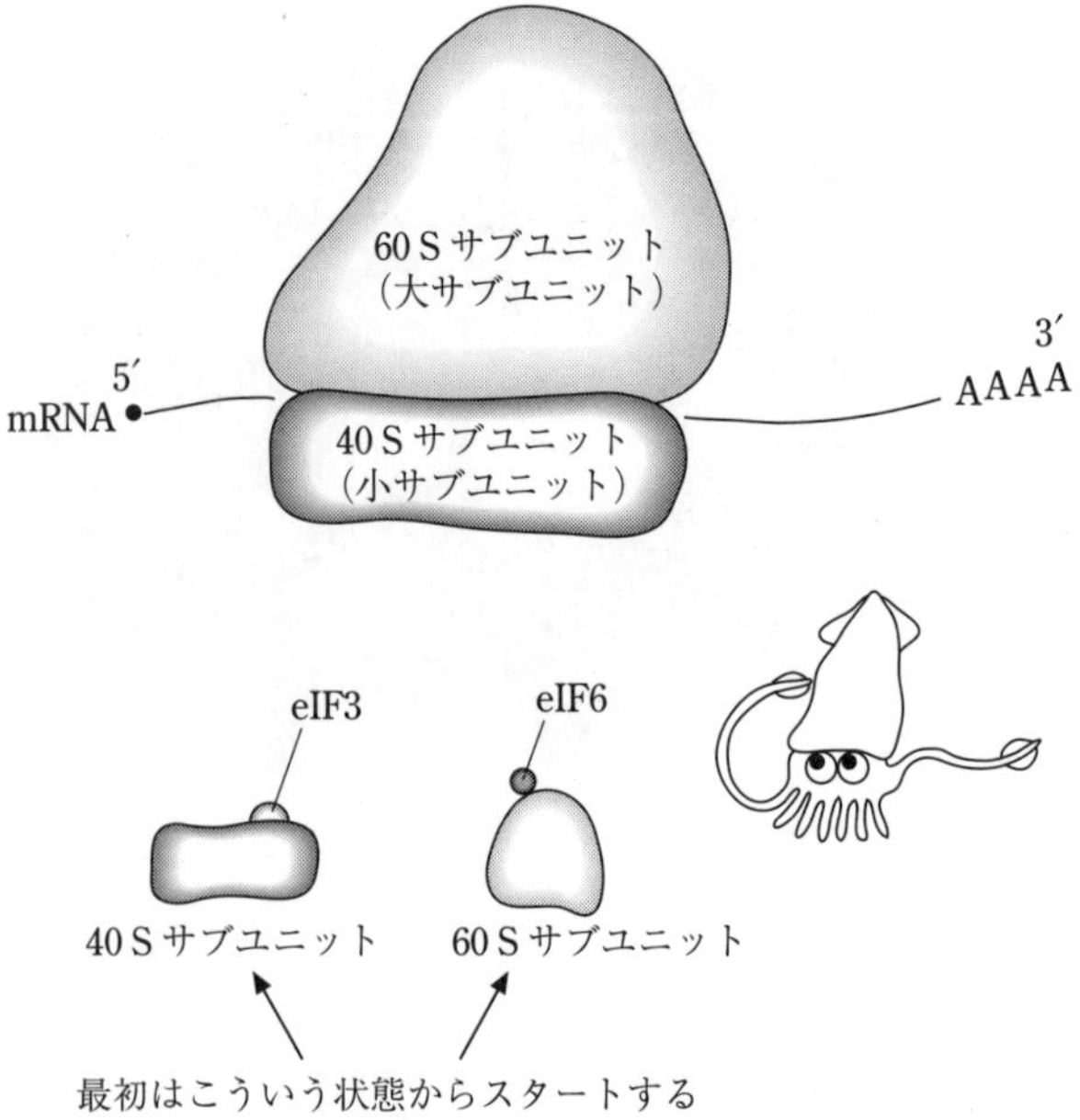

図 36　リボソームと mRNA

最新の考えかたでは、ｍＲＮＡのリボソームへの結合は、つぎのようにおこなわれると考えられている。真核生物を例にとって紹介しよう。

メインの材料は四種類である。

リボソームの大サブユニット（60Ｓサブユニット）と小サブユニット（40Ｓサブユニット）、ｍＲＮＡ、そしてアミノ酸を引き連れたｔＲＮＡだ。

まず、翻訳活動を休止中のリボソームは、二つのサブユニットがべつべつに離れて存在している。つまり、ハンバーガーの二枚のパンはべつべつに保存されているのだ。このとき、60Sサブユニットには「eIF6」、40Sサブユニットには「eIF3」というタンパク質が結合している（図36）。これらのタンパク質を「開始因子」と呼ぶ。

さて、まずこの小さいほうの40Sサブユニット（下のパン）に、やはり開始因子である「eIF1A」が結合する（図37①）。

つづいて、mRNAが規定する最初のアミノ酸「メチオニン」を結合させたtRNA（ここでは「メチオニンtRNA」と呼ぶ）と、「eIF2」というタンパク質が複合体を作ってやってきて、40Sサブユニット上にどっかりと結合する（図37②）。

この、下のパンに材料がごちゃまぜに置かれたようなものを「開始前複合体」と呼ぶ。

いっぽう、ハンバーガーの主役となるべきmRNAには、その5′末端に「eIF4」と呼ばれる四種類のファミリーからなるタンパク質の複合体が結合し、これを介してmRNAが「開始前複合体」に結合することで、これがいよいよ翻訳をはじめる「開始複合体」へとグレードアップする（図37③）。

開始複合体は、そのままmRNAの上を5′から3′方向へスキャンして、開始コドンである「AUG」を探す。この時、eIF4の四種類のファミリーのうち一つが、二本鎖を解きほぐす「ヘリカーゼ」としてはたらき、mRNAの二次構造――mRNAは一本鎖なので、相補的な部分があると分子内で結合して二本鎖になってしまったりする――をほどいていく。

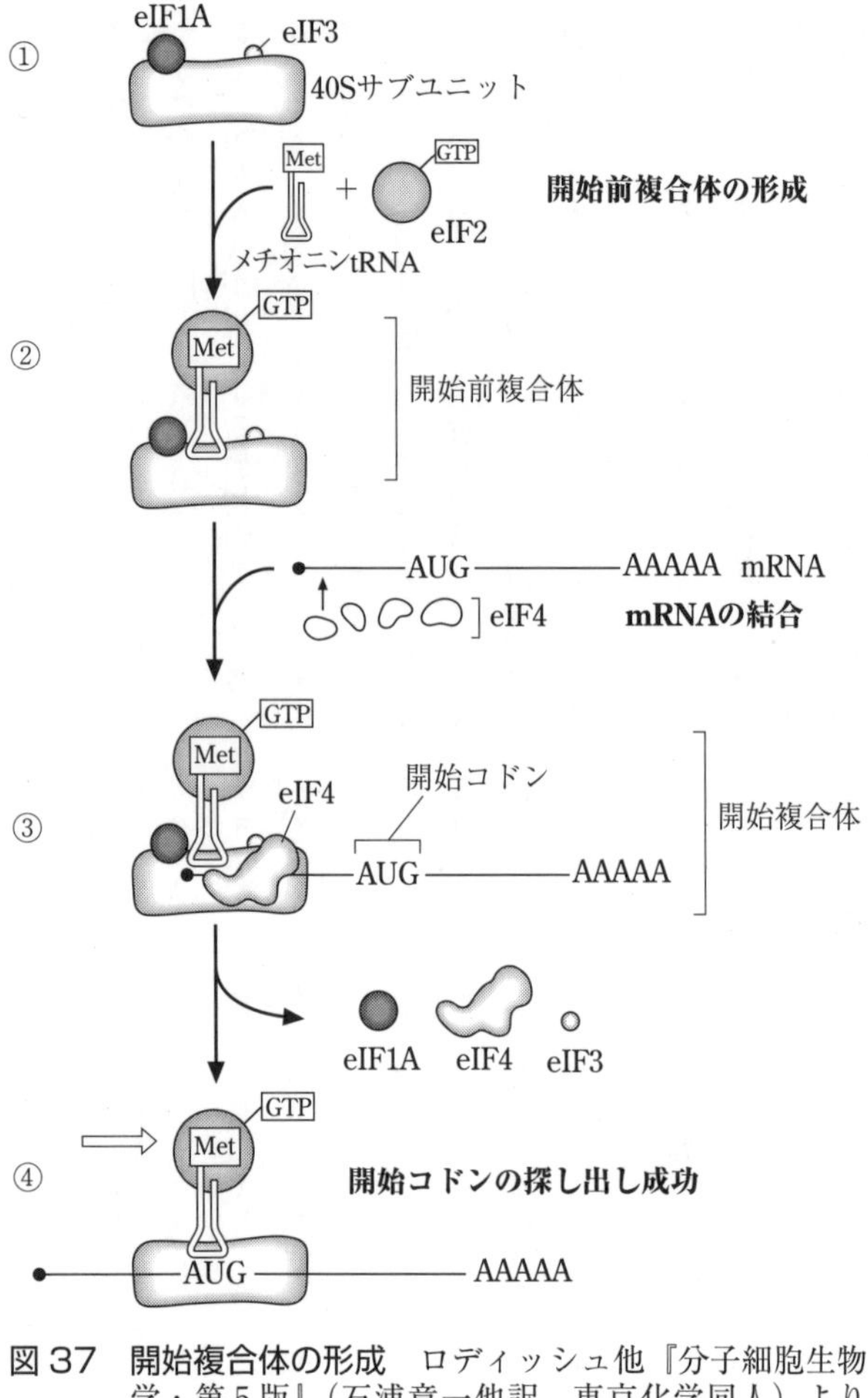

図 37　開始複合体の形成　ロディッシュ他『分子細胞生物学・第5版』（石浦章一他訳　東京化学同人）より改変

そして、開始因子であるｅＩＦ１Ａ、ｅＩＦ４、ｅＩＦ３が役割を終えてはずれ（一部のｅＩＦ４ファミリーは、150ページで述べる「ポリソーム構造」形成に関与する）、みごと「ＡＵＧ」を探し出すと、そこでいよいよ翻訳が始まるのである（図37④）。

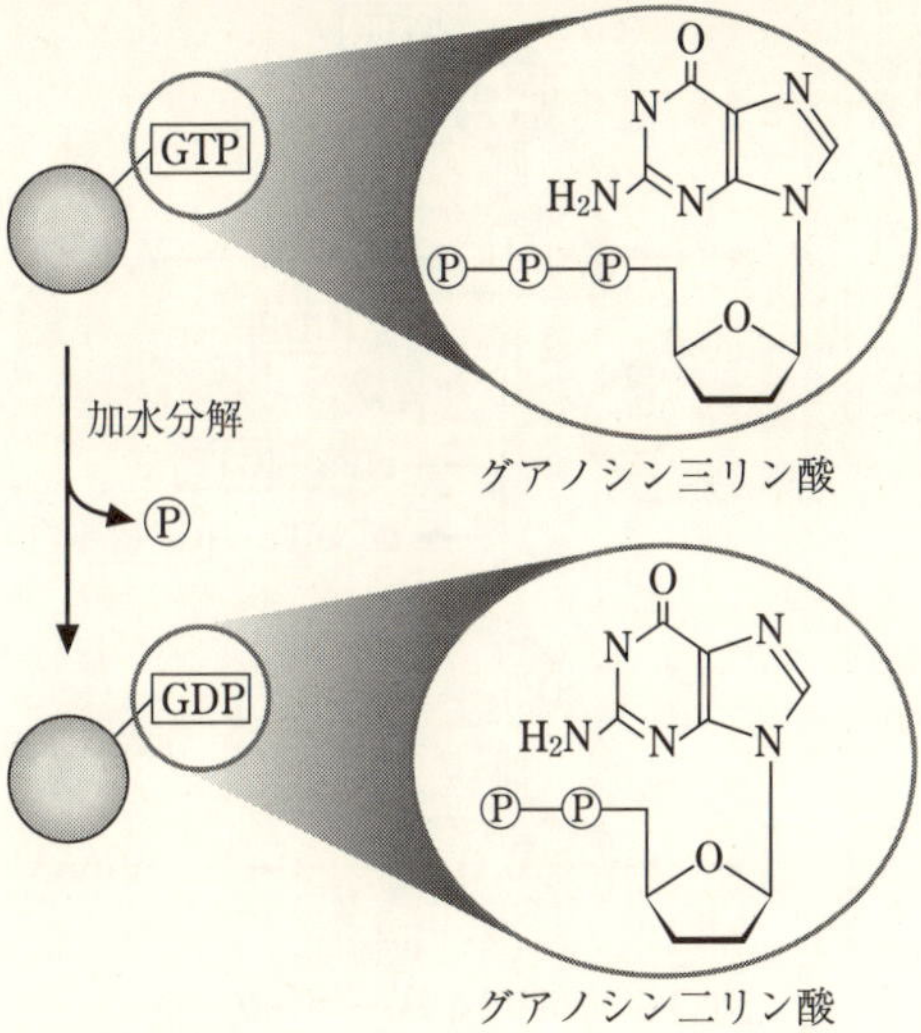

図38　GTPの加水分解によるGDPの生成

上のパンを重ねて　～組み上がるリボソーム～

下のパンにレタス（開始前複合体）をのせ、ハンバーグ（ｍＲＮＡ）を置いた。つぎは上のパンをのせるだけだが、ここである人が文句をいった。

「ハンバーグにマヨネーズを塗ってよ」

こういうなんにでもマヨネーズをつけて食べる人のことを「マヨラー」と呼ぶらしいが、分子の世界にもマヨラーならぬ「ハイドラー」がいる。

ハイドラーとはなんぞや。

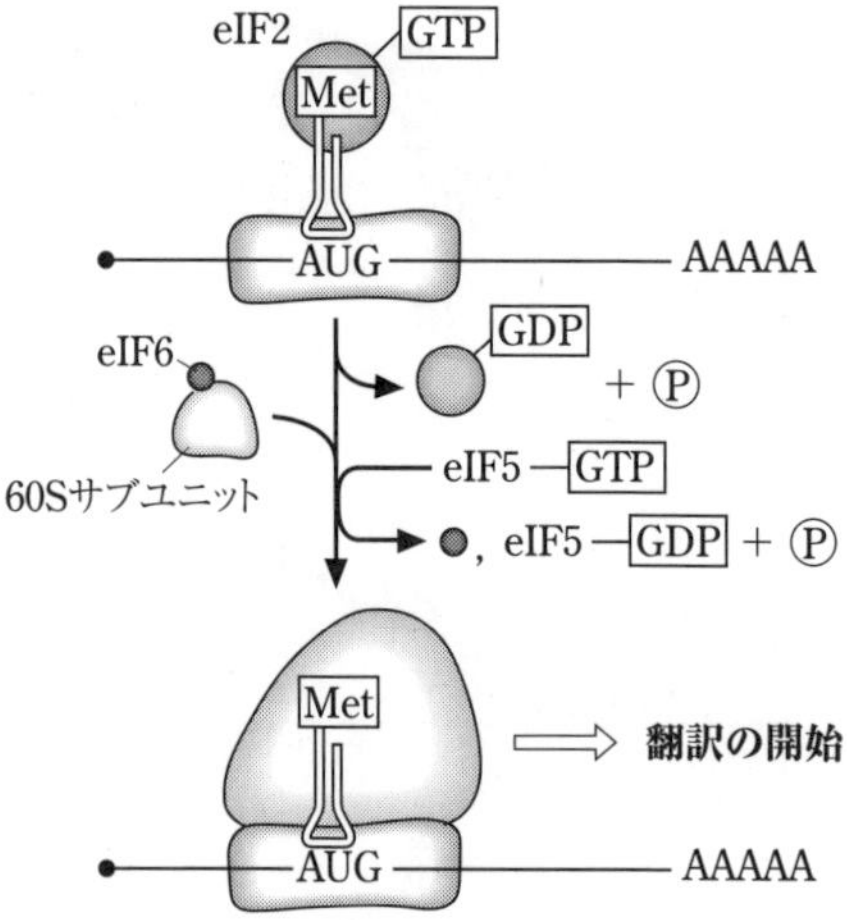

図39　mRNAバーガーの完成

加水分解を英語で「ハイドロリシス」という。じつは開始複合体は、そのままでは翻訳をスタートすることができない。複合体中の「eIF2」には「GTP（ヌクレオチドの一種グアノシン三リン酸）」が結合している。GTPは、RNAの材料になるだけではなく、生物共通のエネルギー通貨として知られる「ATP」とともに、エネルギーを作り出す物質としても活躍する分子だ。その「GTP」が加水分解——水分子の付加を伴う分解過程のこと——されなければ、翻訳はスタートしないのである（図38）。

開始複合体が開始コドン「AUG」を見つけると、「eIF2」に結合していたGTPが加水分解され、「GDP」というリン酸が一つ少なくなった分子ができるが（図38）、この加水分解によって、反応はもはや後戻りできなくなる。このGTPの加水分解は、「GTPアーゼ」と呼ばれる酵素によっておこなわれる。

ここに、いよいよ開始因子「eIF6」が結合していた上のパン、「60Sサブユニット」が会合し、リボソーム（mRNAバーガー）が完全に組み上がる（図39）。

そして最後に、べつの「GTP」が結合した「eIF5」という因子が結合し、このGTPが加水分解されると、いよいよ翻訳が開始されるのである。

結合・移動・解離　〜その繰り返し〜

翻訳開始の準備ができたリボソームには、tRNAが入り込むための、隣り合った三つのスペースが存在する。「E部位」、「P部位」、「A部位」である（図40①）。

翻訳は、最初から開始複合体のなかにあるメチオニンtRNAが、これらのうちまんなかのP部位に存在する状態からはじまる。

ここに、つぎのアミノ酸（図40ではアラニン）を引き連れたtRNAが、「EF1α」というタンパク質――伸長因子と呼ばれる――を結合させてやってきて、隣のA部位に入り込む。このとき、EF1αには「GTP」が結合している（図40②）。

このtRNAの入り込みは、本章の最後でも述べるように偶然の産物なので、いろんなtRNAが入り込もうとする。しかし、コドンと対応しないアンチコドンをもつ、すなわち正しくないtRNAの場合は入り込んでもなにも起こらない。

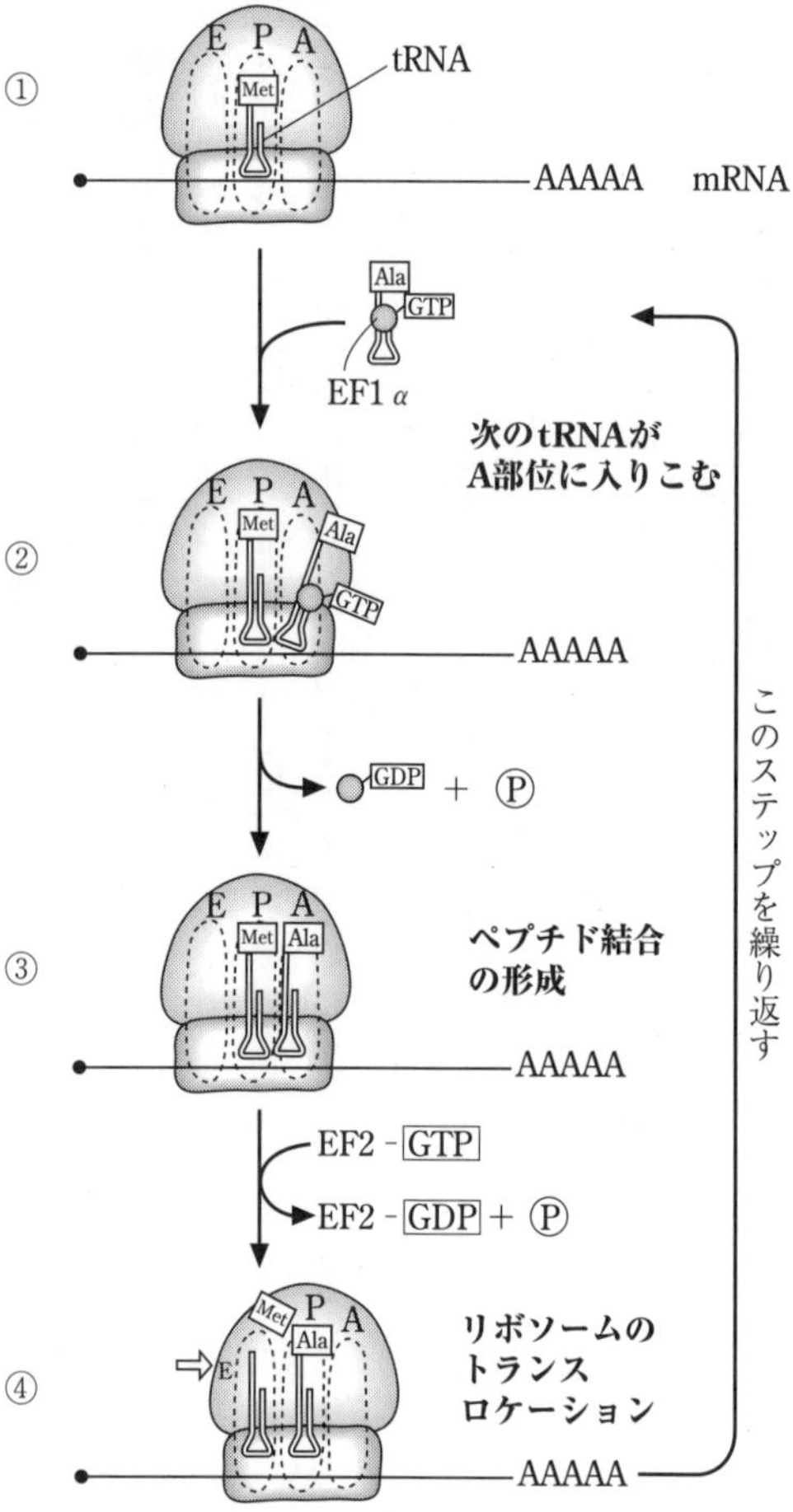

図40　結合・移動・解離　ロディッシュ他『分子細胞生物学・第5版』（石浦章一他訳　東京化学同人）より改変

うまくできているもので、ｍＲＮＡ上のコドンと対応するｔＲＮＡがＡ部位に入り込んだときにだけ、ＥＦ１αに結合していたＧＴＰが加水分解されてＧＤＰとなる。そうすると、不思議なことにその加水分解によってリボソームの形が変化して、その結果、入り込んだｔＲＮＡがＡ部位に強く結合する（図40③）。

Ａ部位に強く結合することで、入り込んだｔＲＮＡがもっていたアミノ酸が、すでにＰ部位にあったメチオニンｔＲＮＡのメチオニンと近づく。

すると、リボソームの上のパン、60Ｓサブユニットに存在する「ｒＲＮＡ」の触媒作用によって、近づいたアミノ酸同士が「ペプチジル転移反応」を起こして結合する――この反応でできるアミノ酸同士の結合を「ペプチド結合」と呼ぶ――。

これで、アミノ酸が二個つながったわけである（図40③）。

ペプチド結合ができると、リボソーム上の別の伸長因子「ＥＦ２」にくっついたＧＴＰが、そのＥＦ２のもつ「ＧＴＰアーゼ」活性によって加水分解を受けてＧＤＰとなり、その結果リボソームが再び構造変化を起こしてもとの形に戻る。それと同時に、Ｐ部位にあった元メチオニンｔＲＮＡがＥ部位に、Ａ部位にあったつぎのｔＲＮＡがＰ部位にくるよう、リボソームがひゅっと動くのである――これをリボソームのトランスロケーションと呼ぶ――（図40④）。

大腸菌では、このトランスロケーションにおいて「ＥＦ－Ｇ」と呼ばれるタンパク質がＧＴＰアーゼ活性をもち、これがＧＴＰを加水分解することが重要であることが明らかになっている。

さてこれで、リボソームのＡ部位に、つぎのアミノ酸を引き連れたｔＲＮＡが入り込むことができるようになった。Ｅ部位に移動した元メチオニンｔＲＮＡ――なぜ「元」かといえば、メチオニンはすでに二番目のアミノ酸とペプチド結合で結合し、tRNAからはずれているからだ――は、リボソームのつぎの構造変化の際に外に捨てられる。

まとめよう。

アミノ酸を引き連れたtRNAの結合、アミノ酸のペプチド結合、リボソームのトランスロケーション、tRNAの解離のプロセスが、終止コドンへといたるまでえんえんと繰り返される(図40)。それぞれのプロセスでアミノ酸が一個ずつペプチド結合していき、順番にタンパク質の鎖が合成されていくのである。

翻訳の終了

話は飛ぶが、世のなかには不思議な生物がいるもので、軟体動物のタコの仲間に、「ミミックオクトパス」というタコがいるらしい。一九九八年にインドネシア近海で発見されたこのタコ、その名前――模倣するタコ――そのままに、さまざまな生物の真似をすることができる。ある時はカレイ、ある時はミノカサゴ、そしてある時はウミヘビになるという。

じつはtRNAにも、まるでtRNAと同じような形をした「ニセモノ」がいる。といってもそれはRNAの仲間が模倣するのではなく、タンパク質がtRNAのような形をしているのだ。こうした現象を「分子擬態」と呼び、一九九五年に米科学誌『サイエンス』に最初に報告された。

このニセｔＲＮＡは、あたかもｔＲＮＡの仲間であるかのように無理やりリボソームのなかへ入っていくのである。

このニセｔＲＮＡ、「終結因子」あるいは「ペプチド鎖解離因子」と呼ばれるものの一つで、「ｅＲＦ１」というタンパク質である（図41）。これが、ｍＲＮＡの終止コドンがＡ部位にあるときに偶然入り込むと、そこで翻訳が終了する。

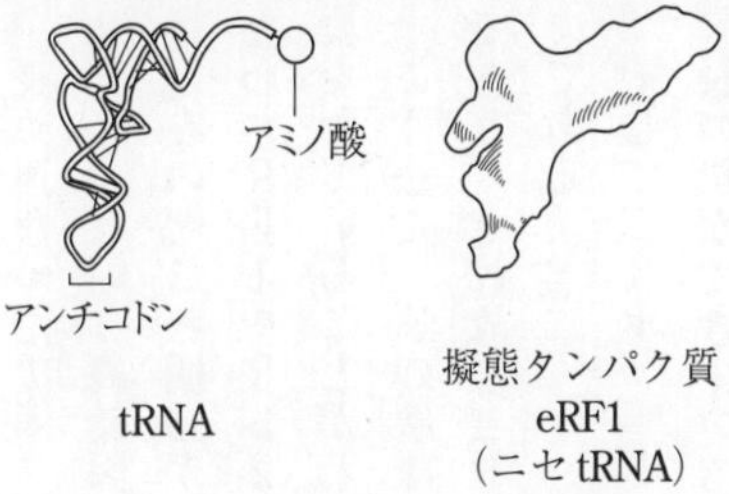

図41　tRNAにはニセモノがいる

つまり、通常のコドンには、それぞれに対応するアミノ酸を連れたｔＲＮＡが結合することができるのだが、終止コドンにはどのｔＲＮＡも結合することができず、結果的にこのニセｔＲＮＡがそこ——リボソームのＡ部位——に入り込み、翻訳を終了させるのだ。

ｅＲＦ１は、その分子の一部にｔＲＮＡのアンチコドンと同じような形をした部分があり、それがｍＲＮＡ上の終止コドンを認識すると考えられている。タンパク質がコドンを認識する分子メカニズムは、東京大学医科学研究所の中村義一の研究グループによる大腸菌を用いた研究——大腸菌では「ＲＦ１」と「ＲＦ２」——により明らかにされた。

長く連なったアミノ酸の鎖は、ｅＲＦ１によってリボソームから解離する。ｅＲＦ１には「ｅＲＦ３」という終結因子が付随していることが知られている。真核生物におけるこの因子の機能は現在のところ明らかにはされていないが、大腸菌では「ＲＦ３」と呼ばれ、解離因子本体（すなわちＲＦ１やＲＦ２）がリボソームに結合したまま残っているのをリボソームから離す役割になっていることがわかっている。

こうした一連の解離過程が、合成されたタンパク質がリボソームから解き放たれるために必要であり、それ故にこそ翻訳の終了には、〝ニセｔＲＮＡ〟が終止コドンを認識することが重要なのである。

そして、リボソームから切り離されたアミノ酸の長い鎖――アミノ酸同士のペプチド結合により長い鎖ができているため、これをポリペプチド鎖と呼ぶ――は、「シャペロン」と呼ばれるタンパク質の作用によって適切に折り畳まれ、「タンパク質」として機能するようになるのだ。

ところで、最近リボソームでの翻訳に研究者の注目が集まっている。

その理由は、一本（つまり一種類）のｍＲＮＡ上の遺伝情報がリボソームで翻訳されたとき、合成されて出てくるタンパク質が必ずしもいつも同じではないということが明らかになってきたためである。

なぜいつも同じではないのか。それは、翻訳途上において、mRNA上のコドンの〝読み換え〟が起こるためだ。

これを「リコーディング」と呼ぶ。

リコーディングにおいては、リボソームでの翻訳の途中で、コドンの「読み枠」が突然一塩基ずれたりすることで、それ以降に合成される部分のアミノ酸配列ががらっと変わったり、終止コドンがそのまま読み飛ばされたりするのである。

リコーディングの生物学的意義や、その詳細なメカニズムについてはいまだ謎が多い。ただ、いえるのは、リボソームにおける翻訳がきわめて柔軟性、多様性に富むものであるということだ。

リボソームという名の〝ハンバーガー〟は、必ずしもmRNAという〝中身〟をそのまま鵜呑みにしない。中身は同じでも、さまざまな味を演出することができるのかもしれない。

ポリリボソーム　〜数珠つなぎの極意〜

山手線に乗るたびに思うことがある。

山手線は、ご存知のようにぐるっと一回りする環状構造になっている。したがって、電車も単に「○○行き」などと呼ぶのではなく、「外回り」「内回り」と表現される。まるで細菌のDNA

のように末端のないワッカなので、電車も終日、ぐるぐるぐるぐる環状の線路を回り続けるのだ。

どうせ回り続けるのなら、電車も全部つなげてしまって、ドーナツのようにしてぐるぐる移動させせたらどうだろう、と私はいつも思う。電車が遅れたりするときにはとりわけその思いは強くなる。駅と駅の間は等間隔にして、どの駅でもまったく同じ時刻に乗客の昇降がおこなわれるようにするのだ。そしてドーナツがそのまま動き、つぎの駅で同じようにいっせいに昇降がおこなわれる。こうすれば、すごく楽なような気がする。

この山手線を一直線に伸ばしてみると、端から端まで電車の車両で埋め尽くされ、ところどころに駅があるという状態がそこにある。そして、車両が駅に止まるたびに乗客がバーっと降りていくところを想像すると、いつの間にかリボソームからタンパク質ができていくようすとイメージが重なってくる。そう、つまり一本の列車がいくつもの駅を経由し、それぞれで乗客を降ろすのと同じく、一本のｍＲＮＡはいくつものリボソームを経由し、それぞれのリボソームでタンパク質が合成されていく、すなわち一本のｍＲＮＡから、複数のタンパク質のコピーができるのだ。

どういうことか。

一本のｍＲＮＡと一個のリボソームが結合し、一連の仕事を終えてタンパク質が一個合成される。この過程には、平均して数十秒から一分程度かかるといわれている。秒単位、マイクロ秒単位で活動する細胞のなかで、これはかなり遅い反応の部類に入るのだ。したがって、一個のリボソームが仕事を終えるのを待っていてはタンパク質の生産が追いつかない。

そこでリボソームは、一本のｍＲＮＡの上にいくつも同時に結合し、連続してタンパク質を合成することが知られている。まるでミクロの「数珠」のように、リボソームが丸くなったｍＲＮＡ上に取りつくのである（図42）。

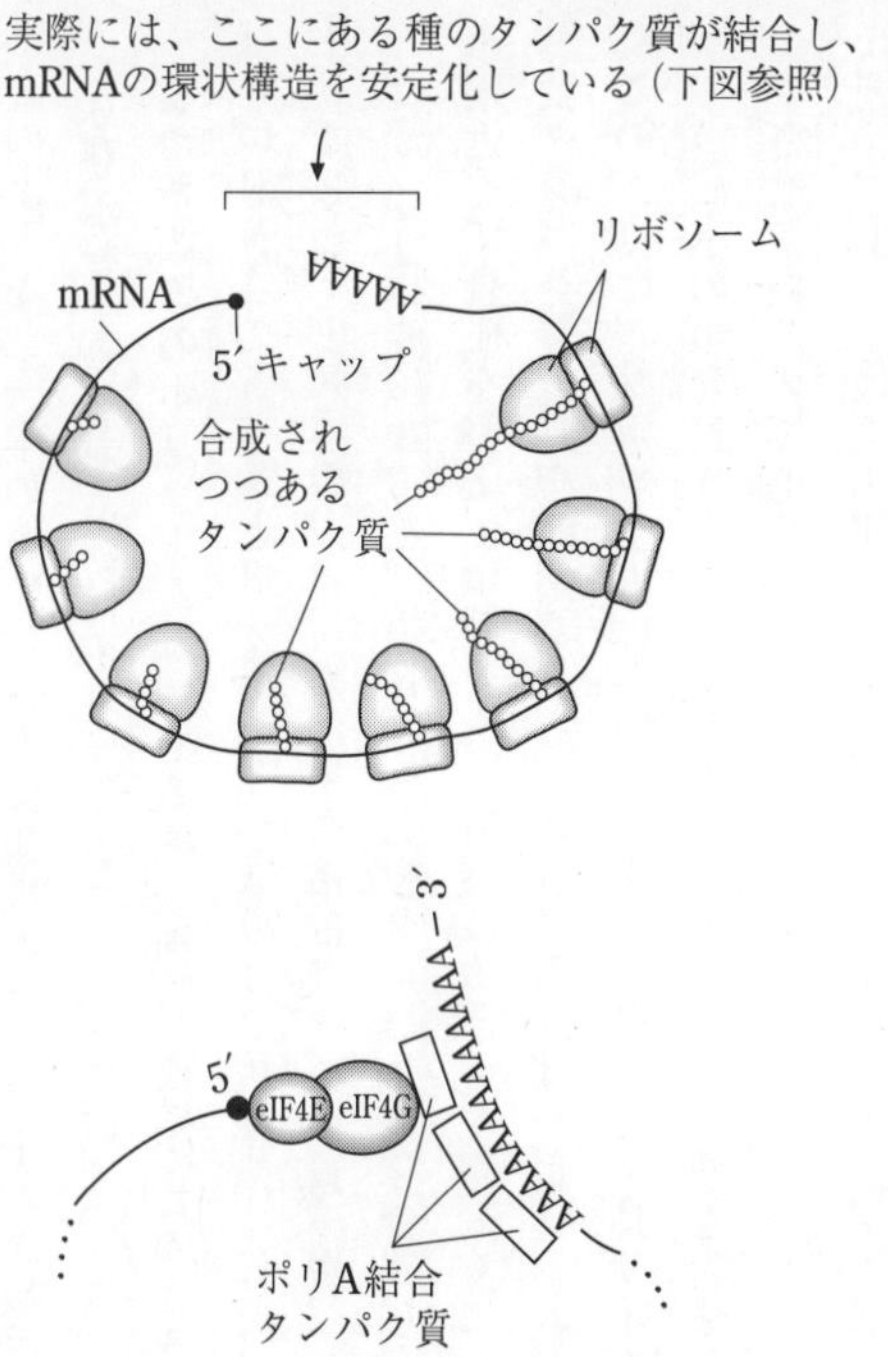

図42　リボソームの「数珠」

すなわち、リボソームによるタンパク質合成がある程度進むと、つぎのリボソームがｍＲＮＡの頭の部分にすかさず結合する。そしてさらに合成が進むと、さらにつぎのリボソームが……という具合に、つぎつぎにリボソームがｍＲＮＡ上に結合してくるのである。

このような、一本のmRNA上に複数のリボソームが数珠つなぎに連なったような構造は、「ポリリボソーム(あるいはポリソーム)」と呼ばれている。

じっさいこのポリソームは、ある種の細胞では図42のように、環状構造を呈している。これは、mRNAの5′末端と3′末端——つまり頭と尻尾——にそれぞれ結合しているタンパク質(eIF4EとeIF4G、そしてポリA結合タンパク質)が、お互いに結合するからである。

こういう状態になると、mRNA上をタンパク質を合成しながら動いてきたリボソームが、3′末端近くで合成を終えてmRNAから離れると、すぐ近くにある5′末端にふたたび結合し、もう一度タンパク質合成を開始できる。いってみればリボソームのリサイクルが可能となるわけだ。

このように、リボソームは「ポリソーム」構造と「リサイクル」という二重のメカニズムによって、一本のmRNAからたくさんの同一タンパク質を合成し、タンパク質合成効率を格段にアップさせているのである。

それでは、この「リサイクル」はいったい誰が止めるのか。

mRNAの分解は、尻尾に付いたタグ、ポリAテイルが、端っこから短くなっていくことがきっかけとなる。その結果、ポリAテイルに結合していた「ポリA結合タンパク質」が離れ、eIF4E、eIF4Gとの結合が解消されて、環状構造が崩れる。

ポリAテイルが短くなったmRNAはその後、特定の分解工場のようなところで分解されてしまうらしい。

物流システム

さて、完璧な輸送システムというものは、見ていて気持ちのいいものだ。

経済の発展と物流システムの発展はどうやら相関するらしい。高速道路を日本国中に張り巡らそうとしている理由はいま一つわからないが、結局のところ「地元の経済発展のために不可欠」という文句がいつも出てくるような気がする。

確かに、遠くにものを運ぶとき、短時間にスムーズにというのはおそらくすべての物流の基本的スタンスであろう。

一昔前までは、研究論文を海外の学術誌に投稿する際には航空郵便や船便で送るのがつねであり——もっとも論文投稿に船便を使うようなのんびりした研究者はそうはいなかっただろうが——、どんなに速くても航空郵便で数日はかかったものである。

ところがいまでは「オンライン投稿」が花盛り。ウェブ上でちょちょいのちょいとやれば、あっというまに論文が向こうの編集室へ送られる。投稿してすぐ、「受け取りました」という電子メールが届くのである。

リボソームは小胞体に取りつく

細胞というのは、分子たちのコミュニティーであると同時にタンパク質製造工場でもあり、かつ巨大な物流システムでもある。この大きな工場のいたるところに「リボソーム」と呼ばれるタンパク質合成装置が存在し、タンパク質を休むことなく作り続けている。

作られたタンパク質には、さまざまな行き先がある。まず、荷物にも国内向けと海外向けがあるように、タンパク質にも国内向けと海外向けがあり、さらに国内向け荷物にもさまざまな行き先がある。

国内向けタンパク質というのは、作られたその細胞で機能するタンパク質のことである。リボソームで作られたタンパク質は、そのまま細胞のなかで細胞骨格の材料となったり、さまざまな酵素としてはたらいたり、あるいはミトコンドリアや葉緑体、核などの細胞内小器官へ輸送されて、そこではたらいたりする。

いっぽう、海外向けタンパク質とは、作られた細胞から細胞の外へ「分泌」されるタンパク質のことだ。リボソームで作られたタンパク質は、発達した物流システムにのっかって、血液中に放出されたり、結合組織などに放出されたりする。

さて、国内向けタンパク質のうち、特定の細胞内小器官へ輸送されるものには、合成されたときから専用のラベルがついている。これを「シグナル配列」あるいは「輸送配列」などと呼び、目的地に応じて「核局在化シグナル」、「核小体局在化シグナル」、「ミトコンドリア局在化シグナル」などと名がついている。シグナル配列は、おおむね二〇から数十個のアミノ酸からできており、リボソームで合成された国内向けタンパク質は、それぞれがもつシグナル配列を介して目的の細胞内小器官表面の受容体に結合し、そのなかへ取り込まれる。

いっぽう、海外向けタンパク質、すなわち「分泌タンパク質」には、小胞体へ結合するためのシグナル配列がついている（図43）。

小胞体とは、細胞質に存在する、まるでアコーディオンのように幾重にも重なった袋状の構造をした細胞内小器官で、分泌タンパク質を輸送する役割をになっている。

このシグナル配列は、タンパク質のN末端（リボソームで合成される際に合成が開始される側）に存在し、合成されたすぐそばから小胞体表面に結合したがるので、合成装置であるリボソームはそれに引きずられる格好で、小胞体表面にべたべたとひっつく。したがって小胞体の表面は、まるで海水で濡れた足に砂がびっしりとくっついてくるように、リボソームの細かい粒子がびっしりとくっついた状態となる。これを「粗面小胞体」と呼ぶ。

小胞体に取りついたリボソームで合成されたタンパク質は、袋状になった小胞体の内部へと放出される。その後、ゴルジ体を経由して細胞膜から細胞外へと分泌されていく（図43）。

ゴルジ体は、おもに分泌タンパク質を細胞外へ分泌する役割をになっている。小胞体内部へ放

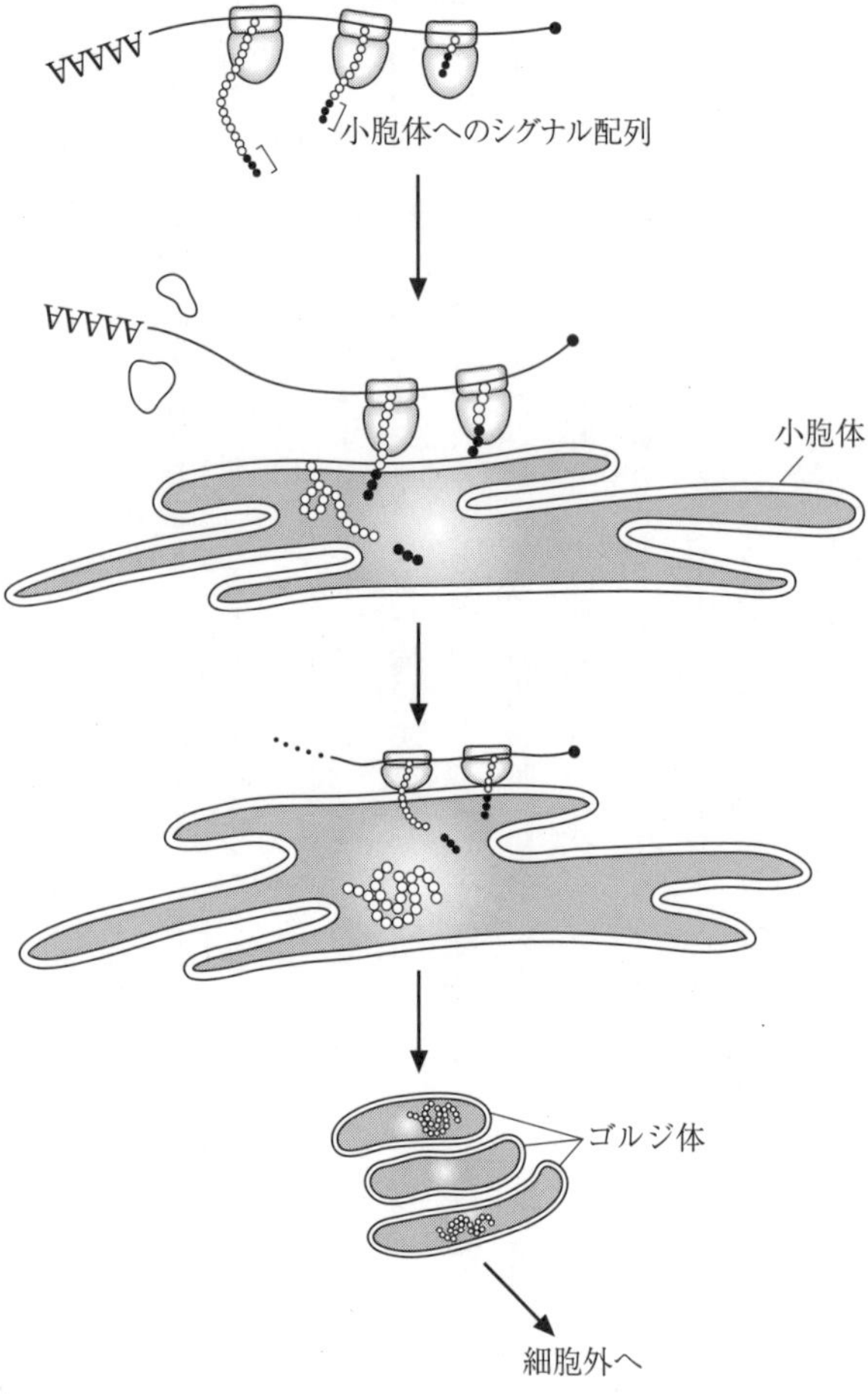

図 43　海外向けタンパク質と小胞体　ロディッシュ他『分子細胞生物学・第 5 版』（石浦章一他訳　東京化学同人）より改変して引用

出されたタンパク質は、そのままゴルジ体へと運ばれるのだ。つまり、小胞体へ結合するためのシグナル配列をもっているタンパク質は、自動的に海外に出ていくようになっているのである。ところで、ｍＲＮＡが最終品質チェックを受ける（119ページ参照）のと同じように、小胞体内部へと放出された新生タンパク質も、じつは品質チェックを受けることが知られている。これは、「小胞体関連分解（endoplasmic reticulum-associated degradation：略してＥＲＡＤ）」と呼ばれるもので、うまくフォールディング（アミノ酸の長い鎖が、タンパク質として機能するために適切に折り畳まれること）できているものを選別するしくみである。フォールディングできているものはそのままゴルジ体を経由する分泌ラインに乗るが、フォールディングできていないものは細胞質へと〝吐き出され〟、そこで分解されてしまうのだ。

この小胞体関連分解、どのような因子がどのようにはたらいて起こるのか、まだ不明な点が多い。ホットな話題の一つなのである。

下手な鉄砲も数撃ちゃ当たる

子供のころ、節分の日には家族で「お菓子拾い」という遊びをやるのが毎年の恒例だった。

豆まきが終わったあと、部屋の電気を消して、母がチョコレートや飴玉、クッキーなどいろんなお菓子を居間中にばらまく。用意ドン！　で、全員で手探りのまま、お菓子を拾い集めるのである。拾い集めたお菓子は当然、ぜんぶ自分で食べていいということになっていたから、お目当てのチョコレートが欲しくて手の感覚を目のように研ぎ澄まし、夢中で拾ったものである。
拾い終わってから父がおもむろに電気をつける。手元のボウルに入ったお菓子を見て、お目当てのものを探り当てていたときは喜び、そうでない場合はがっくりする。しかし、たいていは祖母が拾ったお菓子を私にくれたりしたので、ほぼ毎年ゲットできていたように記憶している。

手という感覚器官を介しても、目的のものを手に入れるためには、何回、何十回、何百回と「試行錯誤」しなければならないのであるから、「感覚」という多細胞生物的センサーが存在しない分子の世界では、いったいどのようにして目的の相手と出合い、相互作用し、機能を発揮しているのだろうか。

科学番組などで放映されるコンピューター・グラフィクスでは、あたかも一つの分子が、ある目的をもってもう一つの分子のところへ自発的に移動し、そこでうまく相互作用しているように描かれることが多い。まるで近未来の都市のように、縦横無尽に走る高速道路のようなＤＮＡや細胞骨格。それに沿って移動する自動車のようなタンパク質。ＵＦＯのように自在に飛び回る酵素群。

しかしながら、あれはおおいに間違ったイメージである。細胞のなかはあのような「スカスカ」状態ではなく、じつはさまざまな分子がひしめき合っている。

細胞のなかは人でごった返す銭湯のごとく分子同士が動き合い、ぶつかり合いをつねに起こしているのだが、その「ぶつかり合い」のなかで生じる意味のあるぶつかり合い、すなわちそれがなんらかの機能につながるようなぶつかり合いはごくわずかであると考えられる。たんなるぶつかり合いを続けているうちに、偶然、意味のあるぶつかり合いが起こり、それがつぎのアクションへとつながる。細胞内の分子間相互作用というのは、こうした偶然の産物であり、かつその連鎖にほかならない。

タンパク質合成装置であるリボソームの周囲には、二〇種類のアミノ酸を一つずつ携えたｔＲＮＡが、これもところ狭しとひしめき合っている。自分のアミノ酸がタンパク質合成に使われるのを、いまかいまかと心待ちにしているといった具合に。

ところがである。

健康診断の順番を待っているわけではないのだから、「はい、つぎグリシン担当のｔＲＮＡさん、お入りください」といわれて、そのｔＲＮＡが「はーい」と素直にリボソームに入っていくわけではない。いったいどうやって、ｍＲＮＡの情報に沿った順番で、ｔＲＮＡがきちんと特定のアミノ酸を運搬し、タンパク質を作っていくことができるのだろうか。

それこそぶつかり合いによる「試行錯誤」にほかならない。

図44は、米国の科学者にして優れた分子アーティスト、デイヴィッド・グッドセル博士によ

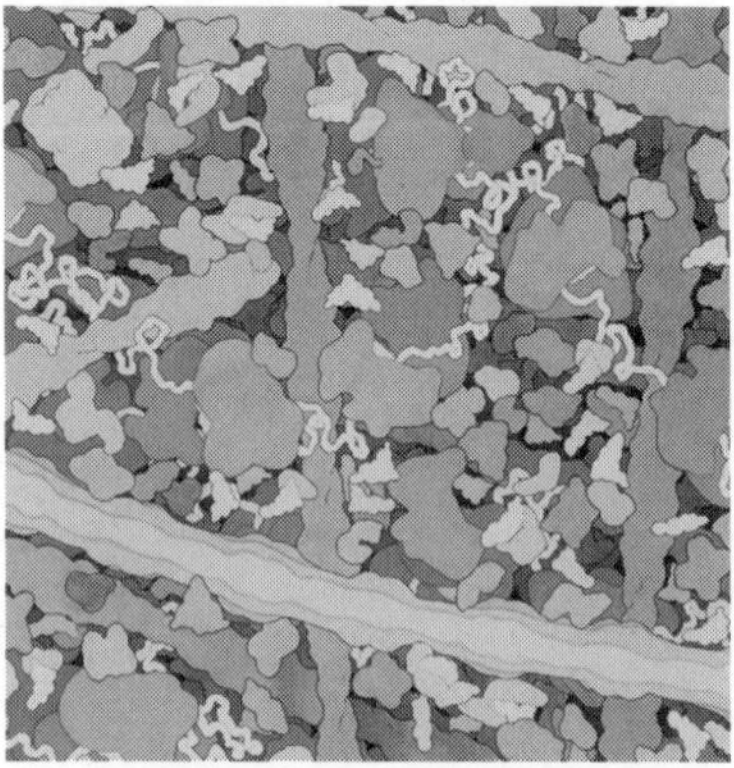

図44　リボソーム近辺には分子がひしめき合う　David S. Goodsell. The Molecular Perspective : The Ribosome. *The Oncologist* 5, 508-509, 2000 より

る、リボソーム近辺の分子のひしめき合いを描いたイラストレーションである。まるで、どれがリボソームでどれがtRNAだか判別できない。

しかし、それでいいのである。もともとそれぞれの分子には「リボソーム!」だの「tRNA!」だのといった標識が、ペンキの看板のように書かれているわけではなく、名札がついているわけでもない。ただただあるのは、必然的に折り畳まれてそこにあるかたまりだけなのだ。tRNAは、順番どおりに並んだ客が順番に万博パビリオンのなかに入っていくように、きっちりと整理づけられたうえでリボソームに引き寄せられるわけではないのである。

分子がひしめき合った環境では、tRNAはしょっちゅう偶然の形で、リボソーム上のA部位(141ページ参照)にひっついたり離れたりを繰り返しているのであろう。おそらく何十回もの繰り返しのなかで偶然、そのコドンと対を形成できるアンチコドンをもったtRNAが来たとき、それが意味のあるコドン－アンチコドン対形成を引き起こし、アミノ酸の重合が進行するのだ。そのコドンに対応するtRNAは偶然正しくそこに入り込むにすぎないのである。

もちろんtRNAに限らず、細胞内の分子のはたらきは、ほとんどすべて偶然の産物であるといえる。それがあまりにも短時間の間に起こるため、私たちが感じる時間のレベルではすでに偶然がたくさん積み重なって動いているので、あたかも整然と、きっちり決められた時計仕掛けのように見える。

そうした偶然が、何十億年という年月をかけて作り上げてきたのが、私たちの身体であり、細胞であり、その数限りない分子反応のしくみなのである。そしていま生きている私たちの身体も、数え切れないほどの偶然の積み重ねによって一定に保たれ、遺伝は遺伝としてきちんと伝わるシステムができあがっている。とても不思議なことである。

偶然が積み重なった不幸、といういいかたがあるが、こと生物においては、偶然の積み重ねによって進化が起こってきたので、いわば幸せな状況であったといえる。その進化のおかげで分子反応にもさまざまな可能性が生まれ、さまざまなメカニズムが誕生した。それは、セントラルドグマにおいても例外ではない。

次章では、これまで述べてきたセントラルドグマをめぐる、ちょっと難しく、またちょっと変わった話題をご提供しよう。

コラム3 DNAの構造と遺伝子発現 〜ダイナミックでリズミックな関係〜

抱き枕はひじょうに気持ちがいいらしい。

その理由は、一説によれば抱き枕を抱いて寝る姿勢が、かつて母親の子宮のなかでとっていた姿勢となり、安心感で満たされるからであるという。たしかに、ソファーなどで仮眠するときも、なにも持たずにそのまま寝るよりも、手頃なクッションなどを腕に抱いて寝るほうが明らかに気持ちがよい。

DNAは、たんに裸のまま核のなかに押し込まれ詰め込まれているのではなく、ある物質を抱き枕のように抱いていることが知られている。

その物質とは、「ヒストン」というタンパク質だ。

ヒストンには「H1」、「H2A」、「H2B」、「H3」、そして「H4」の五種類のものが知られており、このうち後ろの四種類のヒストンが二分子ずつ、合計八分子が一緒になって、「ヌクレオソームコア」を形成する。このヌクレオソームコアの周囲にDNAが一・七周ずつ巻き付き、「ヌクレオソーム」が形成される。これが、ヒストンという抱き枕を抱えたDNAというわけだ（図45）。

一個のヌクレオソームコアに巻き付くDNAは、およそ一四六塩基分の長さであるにすぎないから、染色体一本分を構成するDNAは、大量のヌクレオソームが数珠つなぎになっているようにみえる。このような構造を「クロマチン」と呼ぶ。

それでは、いったいなぜDNAはヒストンを抱き枕にする必要があるのだろうか。

その答えの一つはおそらく、DNAの核のなかでの存在状態、いいかえると遺伝子としての機能をはたすかどうかを、DNAとヒストンに起こるある現象が決めているためである。その現象が、「メチル化」と「アセチル化」だ。

この場合の「メチル化」は、DNA上の塩基の一つであるシトシン（C）がメチル化される現象で、これがメチル化されるとクロマチンの立体構造が変化してしまい、遺伝子発現が抑制される。

いっぽう「アセチル化」は、DNAではなくヒストンのほうに起こる現象である。ヒストンは、遺伝子発現が活発なところではアセチル化されており、遺伝子発現がおこなわれていないところでは脱アセチル化されている（図45）。

ヒストンはDNAの抱き枕だが、私たちが古い枕を抱いたときにその端っこからほつれ

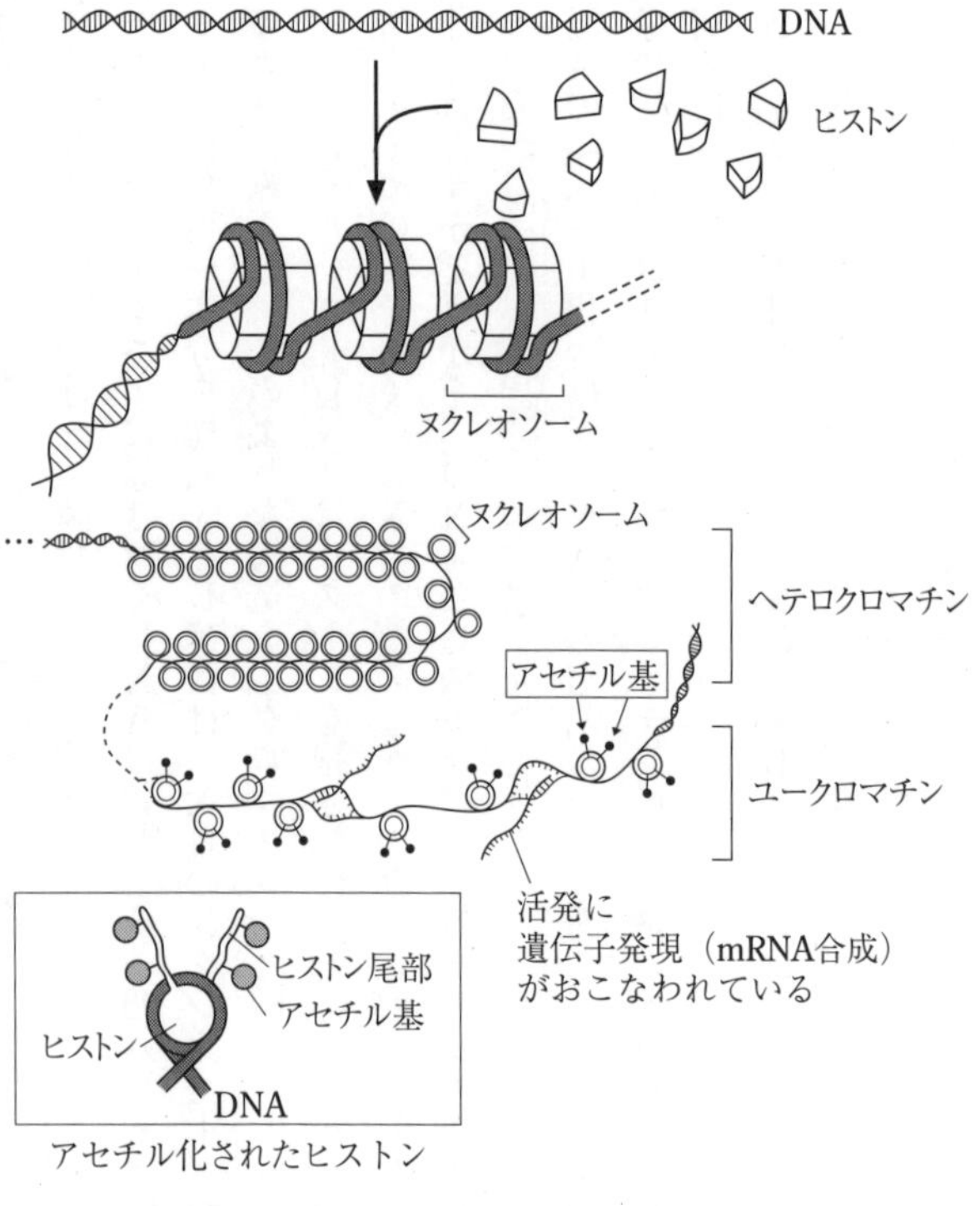

図 45　ヌクレオソームとクロマチン

た糸が飛び出すように、ヒストンのうち「ヒストン尾部」と呼ばれる分子のN末端領域が、ヌクレオソーム構造——いわゆる一個一個の数珠の部分——から飛び出している。そしてそこに存在する「リシン」というアミノ酸に、アセチル基が付けられるのである（図45）。

アセチル化されることで、ヒストンのDNAとの親和性が低くなり、DNAとヒストンの複合体はややバラけた格好となり、その結果、遺伝子発現用マシンのアクセスが容易となるのだ。

ヒストンからアセチル基が取り外される反応もあり、この場合、ヌクレオソーム構造が緊密化して遺伝子の活性が抑制される。

このように、遺伝子発現が活発におこなわれているDNA領域を「ユークロマチン」と呼び、ぎゅっと縮こまって遺伝子発現がほとんどおこなわれていない領域を「ヘテロクロマチン」と呼ぶ（図45）。

遺伝子発現が活性化あるいは抑制されるためにクロマチンの構造が変化することを「クロマチン・リモデリング」と呼び、転写研究の分野でのトピックスとなっている。さまざまなタンパク質が関与することが明らかとなっているが、まだ完全解明には至っていない。

朝、窓から差し込む陽光を受け止めながら起床し、昼間ははたらき、夕方になって一日の疲れを癒し、夜眠る。

あたかも外界からの刺激によって一日が決められているかにみえる私たちの日常、すなわち二四時間という周期は、じつは遺伝子によって制御されていることが、近年の「時計遺伝子」の発見によって明らかになってきた。

時計遺伝子は、その遺伝子の発現が、自分自身の首を絞めるかのように、結局は自身の発現の抑制につながってしまうという運命を背負っている。

しかし、発現が抑制されると、今度は逆に自身の発現が活性化されるようになっているので心配することはない。

このような円環を「フィードバック・ループ」と呼び、この発現活性化→発現抑制→再活性化の周期こそ、二四時間なのである。この時計遺伝子、哺乳類では*Period*（*Per*）という名前で呼ばれており、概日リズム（サーカディアンリズム）中枢である視床下部の視交叉上核にある〝時計細胞〟で、きっちりとした二四時間リズムでこうした発現パターンを繰り返している。

そして、この*Per*遺伝子の発現をコントロールする転写制御因子の一つが、一九九七年に世界ではじめて哺乳類の時計関連遺伝子*Clock*としてみつかった「ＣＬＫ」タンパク質だ。

この転写制御因子ＣＬＫは、「ＢＭＡＬ１」というタンパク質と結合して二量体を形成し、ヒストンアセチルトランスフェラーゼ活性をもつ「ｐ３００」というタンパク質の活性を上げる。その結果、ヒストンの一つ「Ｈ３」がアセチル化され、*Per*遺伝子の転写が活性化されるのである。

そして、転写が活性化され、作り出された「ＰＥＲ」タンパク質は、今度は「ＣＲＹ」というタンパク質と一緒になって、自分の産みの親であるはずのＣＬＫ－ＢＭＡＬ１二量体とｐ３００の相互作用を阻害するのだ。

こうした複雑な分子メカニズムを取り込みながら、どうやらヒストンというよき抱き枕は、分子レベルで、私たちの安眠を保証してくれているらしい。

第四章

セントラルドグマの周辺

第一節　tRNAと遺伝暗号

さて、ここでふたたび「遺伝暗号」の世界に読者諸賢を誘うことにしよう。

第二章第二節で述べたように、mRNAに転写された遺伝情報は、「コドン」と呼ばれる三つ並んだ塩基を介してtRNA上の「アンチコドン」によって認識される。

なにしろ、タンパク質の性質は、アミノ酸がたった一個違うだけで百八十度がらりと変わってしまうことも少なくないほどだから、コドン－アンチコドンのルールは一対一の対応となっていて、きわめて厳密で、融通の利かない官僚的なものであるかのような印象を受ける。

ところがどっこい、遺伝暗号というものはそれほど厳密ではなく、むしろさまざまに多様化した、きわめてフレキシブルなものだったのである。

tRNAとは何か

目の前に、赤や青、黄、紫、緑など二〇種類の色とりどりのボールが山のように積まれているとする。

手元には「RED」、「BLUE」、「GREEN」、「YELLOW」とアルファベットで書かれたバスケットが横一列にずらーっと並んでいる。このバスケットに、その対応する色のボールを入れなければならない。そしてそのために、目の前の山からボールを取ってこなければならない。

色をそのままアミノ酸の種類に置き換え、アルファベットのバスケットをmRNA上のコドンに置き換えてみよう。アミノ酸を取ってきて、コドンと対応するようにおく役割をもつ分子。それこそtRNAだ。

日本語では「運搬RNA」と呼ばれることもあるが、tRNAの「t」は、「transfer」の頭文字だから、正確には「転移RNA」である。つまりtRNAは、細胞内に豊富に存在するアミノ酸の一つを結合し、これをリボソームで合成されつつあるアミノ酸の鎖に「転移」するRNAなのである。

tRNAの構造

第一章でも述べたように、RNAは通常、DNAとは異なり、一本鎖のままで存在している。したがって、もしRNAの分子内に相補的な部分が存在した場合には、そのなかだけで二本鎖を

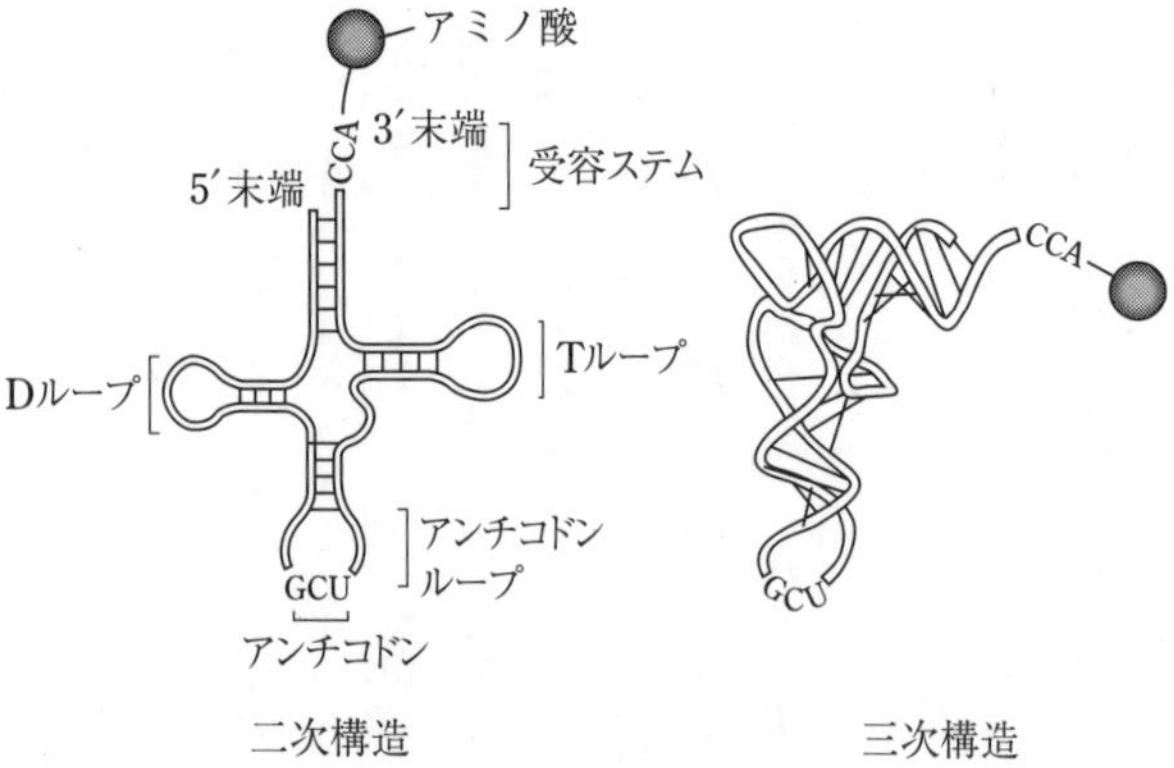

図46　tRNAの構造

形成してしまうことが多々ある。

tRNAはその最たるものであろう。図46はtRNAの構造の模式図である。

tRNAでは、その塩基配列の大部分が分子内ペアリングを起こして、結果として先端が丸くなった十字架をひっくり返したような構造を呈する。この構造は、「クローバーの葉」にたとえられることが多いのだが、正式にはtRNAの「ステム－ループ構造」と呼ばれている。クローバーのそれぞれの葉の柄の部分――ステム――と、その先の丸くなった葉の部分――ループ――からできているという意味だ。

図46のうち、アミノ酸が結合するのがいちばん上の「受容ステム」と呼ばれる領域の先端部分である。その結合反応のことをtRNAの「アミノアシル化」と呼ぶ。

アミノアシル化と同族tRNA

アミノアシル化は、tRNAが自分でおこなうのではない。

tRNAのアミノアシル化をおこなうのは、「アミノアシルtRNAシンテターゼ（アミノアシルtRNA合成酵素）」と呼ばれる酵素（以下、単に「合成酵素」と呼ぶ）である。

mRNA上のコドンと結合するアンチコドンは、図46下部のヘアピン構造の先端、「アンチコドンループ」という領域にあるのだが、さきほども述べたように、アミノ酸が結合するのはその分子を挟んで反対側にある「受容ステム」だ。

受容ステムは、クローバー形に閉じたtRNAの5′末端と3′末端がちょうど出合う部分である。やや3′末端が突出したような感じとなり、そこには「CCA」という三つの塩基配列がある（図46）。合成酵素は、この3′末端の「A」の水酸基（OH基）と、対応するアミノ酸のカルボキシル基（COOH基）との間に高エネルギーのエステル結合を形成させることで、アミノ酸をtRNAに結合させる。これが「tRNAのアミノアシル化」反応である。

ところがここで問題となるのは、タンパク質を構成するアミノ酸は二〇種類も存在し、しかもそれを運ぶtRNAのアンチコドンは、ほぼきっちりと遺伝暗号どおりに決まっているという点だ。

つまり、たとえば「GAA」というアンチコドンをもつtRNAは、必ずアミノ酸「フェニルアラニン」をその受容ステムに結合させているのであり、けっして「グリシン」を結合させていることはない。もし合成酵素が、無闇矢鱈《むやみやたら》にアミノ酸をｔＲＮＡにくっつけて——アミノアシル化して——しまっては、「コドン‐アンチコドン‐アミノ酸」の決定ルールがまったく意味をなさなくなってしまう。

最良の解決方法は、アミノ酸の二〇種類に対して合成酵素も同じく二〇種類あることだろう。そんな乱暴なと思われるかもしれないが、このいかにも場当たり的な考えを、細胞はとっくの昔に採用しているのだから驚きだ。

実際に、ある合成酵素は、決まったアミノ酸を決まったｔＲＮＡにしか結合させることができないことが知られている。つまりそれぞれの合成酵素にとってみれば、自分が担当するアミノ酸を、コドン‐アンチコドンのルールにのっとって、自分が担当するｔＲＮＡに結合させるだけでいいのである。たとえば「トレオニン」を担当する合成酵素は、「ＩＧＵ」、「ＵＧＵ」、「ＣＧＵ」というアンチコドンをもつｔＲＮＡだけにトレオニンを結合させる、といったぐあいに。

このような、ある一種類の合成酵素によってアミノアシル化される、同じアミノ酸に対応するｔＲＮＡのことを「同族ｔＲＮＡ」と呼んでいる。論文などの正式な記載では、たとえばトレオニンに対応する同族ｔＲＮＡを「$tRNA^{Thr}$」、フェニルアラニンに対応する同族ｔＲＮＡを「$tRNA^{Phe}$」というぐあいに表記する——肩文字はアミノ酸の略号である——。

コドンは縮重している

第二章83ページで述べたように、コドンが六四種類であるというのは、四種類の塩基のトリプレットは、四の三乗すなわち六四通り存在するからにほかならない。

ところが不思議なことに、この六四種類あるはずのコドンは、たった二〇種類のアミノ酸しかコードしていない。64ページで述べた、遺伝子とタンパク質の数が合わないのと同様、ここでも数が合わない現象が存在しているわけだ。

その理由は、複数のコドンが一種類のアミノ酸をコードしている場合が多数存在するからである。80ページでは「コドンの退化」と表現したが、正式にはこれを「コドンが縮重《しゅくじゅう》している」という。

表1をもう一度ごらんいただきたい（82ページ）。真核生物における普遍遺伝暗号表を示してある。

もっともコドンの種類の多いアミノ酸は「セリン」、「ロイシン」、「アルギニン」で、それぞれ六種類ものコドンによってコードされている。たとえば、UCU、UCC、UCA、UCG、AGU、AGCの六種類が、すべて「セリン」のコドンである、といったぐあいだ。

つぎにコドンの種類の多いのが「プロリン」、「トレオニン」、「グリシン」、「アラニン」、「バリン」で、四種類のコドンによってコードされる。

さらに「イソロイシン」の三種類が続き、「フェニルアラニン」、「チロシン」、「システイン」、「ヒスチジン」、「グルタミン」、「アスパラギン」、「リシン」、「アスパラギン酸」、「グルタミン酸」の二種類、そして一種類のコドンしか使われていない「トリプトファン」、「メチオニン」と続く。

四種類のコドンによってコードされるアミノ酸に注目すると、それぞれのアミノ酸の四種類のコドンは、三番目の塩基だけが異なり、一番目と二番目の塩基は共通であることがわかる。一例を挙げれば、「バリン」をコードするコドンはGUU、GUC、GUA、GUGであり、三番目の塩基がA、G、C、Uのどれになっても、すべて「バリン」となるのである。これを「ファミリーボックス」と呼んでいる。

フランシス・クリックはこうした現象を、「コドン三文字目の塩基対合には『ゆらぎ』が存在している」と表現した。

じつは、一アミノ酸につき数種類あるコドンに対応するかのように、アンチコドンも一種類でなく数種類存在するのである（表2）。

たとえば、四種類のコドンをもつ「プロリン（Pro）」、「トレオニン（Thr）」、「グリシン（Gly）」、「アラニン（Ala）」、「バリン（Val）」には、それぞれ三種類のアンチコドンが存在している（表2）。

また現在では、同一のアンチコドンをもつｔＲＮＡも数種類存在することが知られている。なお、コドン・アンチコドン対応は複雑であり、表2はそれを簡略化して書かれている。その

アミノ酸	コドン	アンチコドン	アミノ酸	コドン	アンチコドン	アミノ酸	コドン	アンチコドン	アミノ酸	コドン	アンチコドン
Phe (F)	UUU	GAA	Ser (S)	UCU	IGA	Tyr (Y)	UAU	GUA	Cys (C)	UGU	GCA
	UUC			UCC			UAC			UGC	
Leu (L)	UUA	UAA		UCA	UGA	終止 (X)	UAA		終止(X)	UGA	
	UUG	CAA		UCG	CGA		UAG		Trp(W)	UGG	CCA
Leu (L)	CUU	IAG	Pro (P)	CCU	IGG	His (H)	CAU	GUG	Arg (R)	CGU	ICG
	CUC			CCC			CAC			CGC	
	CUA	UAG		CCA	UGG	Gln (Q)	CAA	UUG		CGA	UCG
	CUG	CAG		CCG	CGG		CAG	CUG		CGG	CCG
Ile (I)	AUU	IAU	Thr (T)	ACU	IGU	Asn (N)	AAU	GUU	Ser (S)	AGU	GCU
	AUC			ACC			AAC			AGC	
	AUA	UAU		ACA	UGU	Lys (K)	AAA	UUU	Arg (R)	AGA	UCU
Met(M)	AUG	CAU		ACG	CGU		AAG	CUU		AGG	CCU
Val (V)	GUU	IAC	Ala (A)	GCU	IGC	Asp (D)	GAU	GUC	Gly (G)	GGU	GCC
	GUC			GCC			GAC			GGC	
	GUA	UAC		GCA	UGC	Glu (E)	GAA	UUC		GGA	UCC
	GUG	CAC		GCG	CGC		GAG	CUC		GGG	CCC

表２　コドンとアンチコドン　大澤省三『遺伝暗号の起源と進化』（渡辺公綱他訳　共立出版）より改変

ため、表の見方で補足しておかなければならないことがある。

たとえば、フェニルアラニン（Phe）のアンチコドン「GAA」は「UUU」と「UUC」のふたつのコドンに対応していることを示している。ロイシン（Leu）の場合は、アンチコドン「IAG」はコドン「CUU」「CUC」「CUA」に対応し、アンチコドン「UAG」はコドン「CUA」「CUG」に対応し、アンチコドン「CAG」はコドン「CUG」のみに対応している。この他にも、複数と対応するコドン・アンチコドンの組み合わせがあるのだが、それらをすべて書くと複雑になるので、簡略化している次第であることをご理解いただきたい。

正確なことを知りたいかたは、大澤省三『遺伝暗号の起源と進化』などの成書を参照されたい。

修飾塩基

RNAの構成塩基はアデニン（A）、グアニン（G）、シトシン（C）、ウラシル（U）の四種類であると述べてきたが、じつは同じくRNAであるはずのアンチコドン（tRNAの一部だから）には、この四種類のほかに、イノシン（I）やメチル基のついたグアニン（mG）（正式にはリボース部分も入れてメチルグアノシンと呼ばれる）などという、ちょっと変わった塩基が存在することが知られている。

これらは「修飾塩基」と呼ばれるもので、これら以外にも五〇種類以上の修飾塩基がｔＲＮＡの構成塩基となっていることが知られているのだが、そのなかでもアンチコドンでもっとも多用されているのが「イノシン（Ｉ）」と呼ばれる塩基である（96ページ図26）。

第二章のＲＮＡ編集のところですでに述べたように、イノシンはアデノシンの脱アミノ化（アデノシンデアミネーション）により生じる代謝産物である。

アミノ基をアデニンから取り去ってしまうと――つまりアデノシンがイノシンになると――、本来ならばＴもしくはＵとしかペアを形成できなかったのが、シトシン（Ｃ）やべつのアデニン（Ａ）ともペアリングできるようになってしまう。

コドンの三文字目がＡ、Ｇ、Ｃ、Ｕのなんでもいいというアミノ酸（プロリン、トレオニン、グリシン、アラニン、バリン）――ファミリーボックス――の場合、イノシンをアンチコドンとして用いれば、使うｔＲＮＡの種類が少なくてすむのである（表2）。

じっさい、真核生物でＩ〇〇というアンチコドンを使っているアミノ酸は、ロイシン（Leu）、セリン（Ser）、アルギニン（Arg）という六種類のコドンを用いるアミノ酸と、ファミリーボックスの五つのアミノ酸のうちグリシンを除くすべて、そして三種類のコドンを使うイソロイシン（Ile）の計八種類にもおよぶ（表2）。

ちなみに、イノシンのかわりに本来あるべきはずのアデニン（Ａ）を、アンチコドン一文字目に用いている生物はほとんどみあたらない。わずかに酵母のミトコンドリアやマイコプラズマなどでみられるだけである。

またイノシンのほかにも、アンチコドンの一文字目にはさまざまな修飾塩基が各生物種において用いられているが、その多くはウラシル（U）の修飾塩基だ。

非普遍遺伝暗号について

通常の暗号は、けっして複数の意味があってはならないものである。

たとえば、ある大学の暗号研究会が懇親旅行を企画したとする。そしてその会のお知らせのメールは、暗号研究会指定の暗号で送られるのが常であったとする。「t♫☼╨ゝあβa╤、ﷲぬ³§Ж□ᵎ≈╡Π○X」という暗号が、「明日午前九時に名古屋駅ナナちゃん人形前に集合」という意味だったとすれば、暗号研究会のメンバーの誰が解読しても、そういう意味にとられなければならない。けっして「明日午前九時に名古屋駅ペコちゃん人形前に集合」という意味にはなりえないはずであり、もしそう読まれたとすれば、そのメンバーは気の毒に、懇親旅行には行けなくなってしまうだろう。ちなみに「ナナちゃん人形」とは、名古屋駅前の一角に立つ六メートルを超える人形で、名古屋駅でもっとも有名な待ち合わせ場所となっている。

普遍遺伝暗号とは、全生物で共通に使われているコドンのことだ。このことは、現在地球上に生きるすべての生物は、単一の祖先から分岐、進化したものであることを物語っている。この共通暗号によって、すべての生物が「明日午前九時に名古屋駅ナナちゃん人形前に」集まることができるわけだ。

ところが、なんにでも例外というものはあるもので、全生物に共通と思われていたコドンにも例外がみつかっている。しかもヒトにおいてである。

通常、「AUG」というコドンはアミノ酸「メチオニン」をコードするコドンである。また第二章で述べたように、「AUG」は開始コドンとしての役割をもつ（84ページ）。そしてメチオニンは、唯一この「AUG」コドンでのみコードされるというのが「普遍遺伝暗号」の一つの特徴でもあった。

一九七九年に英科学誌『ネイチャー』に発表された英国の科学者バレルらの研究は、この「メチオニン一コード説」に新たな一石を投じるものであった。すなわち、ヒトのミトコンドリアにおいては、メチオニンは「AUG」だけではなく、「AUA」コドンによってもコードされるというのである。「AUA」は、普遍遺伝暗号表においてはアミノ酸「イソロイシン」をコードしていたコドンだ（表1・表2）。

またバレルらは、終止コドンとして普遍遺伝暗号で使われていたはずの「UGA」コドンが、ヒトのミトコンドリアにおいてはアミノ酸「トリプトファン（Trp）」をコードすることを明らかにした。

彼らがターゲットとしたのは、ミトコンドリアに存在する「シトクローム酸化酵素」というタンパク質の「サブユニットII」の遺伝子である。この遺伝子の塩基配列を調べたところ、本来なら終止コドンであるはずの部分がトリプトファンになり、本来ならイソロイシンをコードしているはずの部分がメチオニンになっていることを発見したのである。

これが現在「非普遍遺伝暗号」と総称される遺伝暗号の最初の報告であり、それ以降、さまざまな生物種でこのような「非普遍」遺伝暗号が見つかってきている。たとえば、酵母と同じ「真菌」の仲間であるカンジダ・アルビカンス *Candida albicans* では、通常ならば「ロイシン」をコードするはずの「CUG」が、「セリン」をコードするコドンとして用いられていることが知られている。

このように、遺伝暗号はすべての生物、すべての機構で共通の暗号であるわけではなく、かなりフレキシブルに活用されていることがわかってきている。76ページで、遺伝暗号は「暗号」というよりも、むしろ「とりきめ」であると述べた。「とりきめ」は、時代とともに変化していくもの。つまり遺伝暗号は変化することができるものだったのである。

今後、遺伝暗号の「進化」が続けば、数億年後にはいまとはがらりと異なる遺伝暗号を用いた生物が、もしかしたら誕生しているかもしれない。

第二節　RNAルネサンスの到来

RNA研究の大きなうねり

最近、RNAに注目が集まっている。

RNAといえば、セントラルドグマの中心をになうmRNA（メッセンジャーRNA）に代表されるような、「DNAのコピー」としての役割しかクローズアップされてこなかった。

ある高校以来の友人——彼は自然科学とは無縁の仕事をしている——と食事をしていたとき、ふと話題がRNAのことになった。DNAについてはある程度知っていたが、RNAともなると、「RNAって何だっけ?」のレベルになる。「メッセンジャーRNAって習っただろ?」というと、「ああそういえば習ったような気がする……」との返事。

世間におけるRNAに対する認知度も、DNAと比べれば雲泥の差であろう。だがそれは別段驚くほどのことでもない。研究者においてさえ、RNA研究はそれほど大きなトピックスになってきたわけではなかったからだ。

ところが最近では、ＲＮＡはＤＮＡのたんなるコピーではなく、きわめて重要な役割をもつと考えられている。それは、これまでの章で述べてきたように、メッセンジャーＲＮＡ（ｍＲＮＡ）、リボソームＲＮＡ（ｒＲＮＡ）、転移ＲＮＡ（ｔＲＮＡ）、核内低分子ＲＮＡ（ｓｎＲＮＡ）などのＲＮＡが、セントラルドグマにおける中心的な機能分子であることが明らかになってきたことからも容易に推測できよう。それに加えて、核のなかには多くの低分子ＲＮＡが存在し、遺伝子発現を自在に操っている実態が明らかとなり、さらに二〇〇五年には、ＤＮＡのタンパク質に翻訳されない部分に、じつは数多くの種類のＲＮＡをコードする遺伝子——遺伝子という言葉は、別段タンパク質をコードする場合にのみ用いられるわけではない——が存在していることが明らかとなってきたからである。

理化学研究所ゲノム科学総合研究センターの林﨑良英らが中心となったＦＡＮＴＯＭ——国際的研究コンソーシアム共同集団の略称で、オーストラリア、シンガポール、ドイツ、米国など一一ヵ国の研究機関などが参加した——は、二〇〇五年九月二日発行の米科学誌『サイエンス』で、マウスゲノムの約七割（四万四一四七ヵ所）がＲＮＡに転写され、その半数以上が「ノン・コーディングＲＮＡ（ｎｃＲＮＡ）」と呼ばれる、タンパク質には翻訳されないがなんらかの機能をもつＲＮＡとして機能することを報告した。つまり、ゲノムのほとんどは「ジャンク（くず)」ではなかったのだ。

リボザイムなどのようにタンパク質と同じような機能を有するRNAもあるが、今回発見されたncRNAの大部分は、mRNAの機能の調節などのメカニズムを通して、遺伝子の発現調節の役割をになっていると考えられる。ヒトの場合、タンパク質を作り出す遺伝子——コーディング遺伝子——の数は約二万〜三万と推定されたが、これらをコードする遺伝子の数に対して、それを制御する遺伝子の数はこれを上回り、指数関数的に増加するのではないかと考えられる。

二〇世紀におけるmRNAのスプライシングの発見や、リボザイム——触媒作用のあるRNA——の発見に端を発したRNA研究の大きなうねりは、こうしたいわば「RNA新大陸」(林﨑により提唱された概念)の発見によって、さらに大きく動くであろう。

本節では、RNA研究の大きな転換点——RNAルネサンス——の大きな原因となった「RNA干渉」という現象を中心に、近年明らかになりつつあるRNAの新たな機能について、ご紹介していこう。

大きな分子と小さな分子

細胞の中身は、それほどきっちりと、まるでロボットが稼動するオートマティックな工場のように整然としているわけではない。

前章最後でも述べたので繰り返しになるのだが、テレビの科学番組などで登場するCG画像は、あたかも細胞のなかの宇宙的な美しさを強調するかのように、細胞のなかがきわめて精緻に、ロボットのように精巧にできているかのような錯覚を、私たち視聴者に一方的に押しつけてくる。

そのダイナミックな存在ゆえに、CGで表現されるのはDNAやmRNA、タンパク質、リボソームといった「大きな分子」のみである。

もちろん、そうした「大きな分子」は、視聴者にとってはわかりやすく気持ちのいい分子で、じっさいに細胞内で重要な仕事をしているのは事実ではあるのだが、それ以外に、いやもしかすると、そうした大きな分子以上に大切な役割をはたしている「もっと小さな」分子が、CGでは単なる空間としてしか表現されていない部分にところ狭しとひしめいていることを、もっと強調しなければならないだろう。

小さなRNA

私たちの身体には、DNAやタンパク質、糖質などのいわゆる「生体高分子」と呼ばれる大きな分子以外にも、さまざまな「低分子物質」がうようよ存在する。ビタミンしかり、ATP（アデノシン三リン酸：生命のエネルギー通貨とも呼ばれる）しかり、そしてマグネシウムや鉄といった金属イオンしかり。

そのなかで、最近注目を集めている「小さな分子」がある。マイクロRNA（略してmiRNA）と呼ばれる、一群の「小さなRNA」だ。これはRNAだから、小さな分子とはいってもビタミンや鉄よりははるかに大きい分子であり、どちらかといえば「生体高分子」の仲間であろう。

しかしながら、私たちが通常イメージするDNAや、これまでお話ししてきた遺伝情報の「伝令役」である「mRNA」や、リボソームの成分である「rRNA」などに比べれば、遥かに小さい分子である。それゆえに「マイクロRNA」という名前がつけられたのだから。ではこの小さなRNA、はたしてどういうRNAなのだろうか。

タンパク質合成の妨害工作

昨今の国際情勢を鑑みると、都市部では「テロの脅威」ということが、さかんにいわれるようになってきた。またそれ以前に、インターネットの世界では「サイバーテロ」と呼ばれる妨害工作がさかんにおこなわれ、毎日のように「ハッカー」の脅威にさらされているサイトもあるやに聞く。

しかしそれは外部の世界だけではない。私たちの内部、すなわち細胞の世界にもこうした「妨害工作」は存在する。

ここで取り上げるのは、ｍＲＮＡに対するものである。「妨害工作」の結果、そのｍＲＮＡからタンパク質ができなくなるというものだ。

本書をここまであきらめることなく読み進めていただいた読者諸賢には、ｍＲＮＡがリボソームでアミノ酸へ「翻訳」されるのを妨害するにはどうしたらよいか、もうおわかりだろう。

前章までを思い出していただきたい。ｍＲＮＡは一本鎖であり、そのコドンとｔＲＮＡのアンチコドンがペアを形成することが、リボソームのタンパク質合成には必須であった（86ページ参照）。

ということはすなわち、タンパク質合成を妨害するには、一本鎖であるｍＲＮＡを、それと相補的な塩基配列をもったべつのＲＮＡ分子でマスクしてしまえばよいのである。

アンチセンス阻害

じつは「妨害」という言葉はきわめてネガティブなイメージが強いため、分子生物学の世界ではほとんど用いられない。これにかわる言葉は「阻害」である。

一昔前までは、ある遺伝子の発現を抑制する実験をおこなうためには、その遺伝子から転写されたｍＲＮＡと相補的に結合できる一本鎖ＲＮＡを、細胞に導入するという方法が取られるのが一般的であった。

この一本鎖RNAは、その標的遺伝子のコピーであるmRNAと相補的な配列をもっているために、タンパク質合成前のmRNAと結合することができるのである。すなわち、mRNAとさきに手をつないでしまうことによって、リボソームで新たなタンパク質が合成されるのを阻害する、というわけだ。

mRNAのように、その配列そのものが遺伝子としての意味をもつほうを「センス鎖」、それと相補的で、遺伝子としての意味をもたないほうを「アンチセンス鎖」と呼ぶ。この実験のように、mRNAと相補的なRNA（すなわちアンチセンスRNA）を使ってmRNAがタンパク質を作り出すのを阻害することを、その名のとおり、「アンチセンス阻害」と呼ぶ。

「RNA干渉」の発見

二〇〇六年のノーベル生理学医学賞は、「RNA干渉」と呼ばれる現象を発見した米国の二人の分子生物学者アンドリュー・ファイアとクレイグ・メローに授与された。

ファイアらは、じつはこうしたアンチセンスRNAのような一本鎖よりむしろ、二本鎖RNAが標的遺伝子のタンパク質合成を阻害することを発見したのである。彼らが線虫 *Caenorhabditis elegans* という実験生物において発見したその阻害効果は、アンチセンス鎖すなわち一本鎖RN

Ａによるアンチセンス阻害以上の強いものであった。

ファイアらはこの実験結果を一九九八年、英科学誌『ネイチャー』に発表した。

この論文こそが、その八年後、彼らにノーベル賞という科学者にとっての最高の栄誉を手にする機会を与えてくれることになったのだった。

なぜならＲＮＡ干渉は、私たち生物の遺伝子発現調節メカニズムの解明に大きな一石を投じるものであったのみならず、生命現象におけるＲＮＡの重要性を改めて私たちに認識させ、さらに「ＲＮＡ創薬」などの医療分野でも大きな可能性を開くものとなったからである。

さて、ＲＮＡ干渉は簡単にいうと、小さな二本鎖ＲＮＡが細胞内でｍＲＮＡを分解する現象だ(図47)。その後、この現象は、実際の生物体内でも盛んにおこなわれていることがわかってきた。

しかし、ややわかりにくい。

一本鎖の小さなＲＮＡが、やはり一本鎖であるｍＲＮＡを阻害するのはわかる。塩基配列が相補的ならば、両者がＤＮＡのように二本鎖を形成することができるからだ。

二本鎖の小さなＲＮＡは、すでに二本鎖になっている。これがいったいどのような方法でｍＲＮＡを阻害、そして分解してしまうのだろうか?

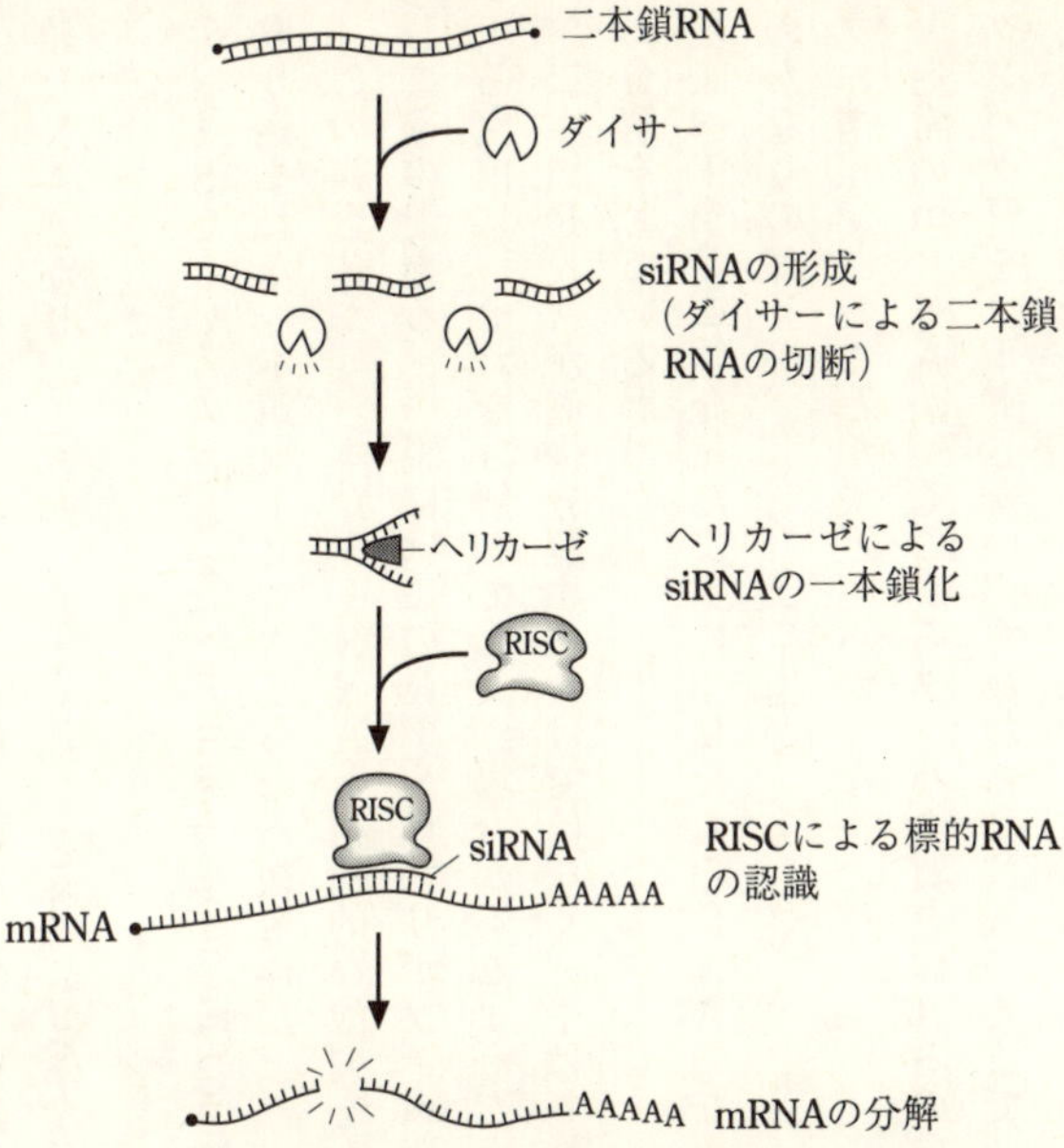

図47　mRNAの分解

二本鎖がどうしてｍＲＮＡを分解できるか？

ファイアたちが発見したＲＮＡ干渉において重要なのは、ｓｉＲＮＡ（small interfering RNA）と呼ばれる小さなＲＮＡの存在である。これが、ＲＮＡ干渉を引き起こすＲＮＡの本体なのだ。

ファイアたちが細胞内に入れたのは、長い二本鎖のＲＮＡだった。

この二本鎖ＲＮＡは、「ダイサー」と呼ばれる酵素によって、二一から二三ヌクレオチド程度の短い二本鎖ＲＮＡに分解される（図47）。こうしてできた短い二本鎖ＲＮＡが「ｓｉＲＮＡ」なのである。

ｓｉＲＮＡは、二本鎖ＲＮＡを解きほぐして一本鎖にする「ヘリカーゼ」の作用を受けて一本鎖ＲＮＡとなり、これが「ＲＩＳＣ」と呼ばれる大きなタンパク質複合体のなかに取り込まれる。

ＲＩＳＣというのは、「RNA-induced silencing complex」の略で、いくつかのタンパク質と、取り込まれた一本鎖ｓｉＲＮＡからなる複合体だ。

この複合体が、一本鎖ｓｉＲＮＡと相補的な配列をもつｍＲＮＡを特異的に認識し、切断してしまうのである。一説にはこのＲＩＳＣはリボソームと複合体を形成し、ｍＲＮＡの翻訳作業に入る直前に、それを分解してしまう場合があるようだが、詳しいことはあまりわかっていない。二本鎖ＲＮＡが直接分解するわけではなく、やはり結局は、一本鎖となったＲＮＡがｍＲＮＡの分解をしているわけだ。

182ページでご紹介したように、私たちのＤＮＡのなかでタンパク質の情報が載っていない領域のかなりの部分が、「ノン・コーディングＲＮＡ（ｎｃＲＮＡ）」と呼ばれるＲＮＡの一大グループの情報であることが最近明らかとなった。

通常のｍＲＮＡが、そこからタンパク質を作れるのに対して、ｎｃＲＮＡはその名のとおり、タンパク質をコードしない、すなわちＲＮＡのままで一生を終える——つまりＲＮＡの状態でなんらかの機能をもっている——という性質をもっている。

じつは、これまでにご紹介した「ｔＲＮＡ」や「ｒＲＮＡ」もこのｎｃＲＮＡの一種であり、またスプライシングに関与する「ｓｎＲＮＡ」もｎｃＲＮＡの一種だ。

そして最近、注目されはじめているのが、さきほどご紹介した「ｍｉＲＮＡ」である。ｎｃＲＮＡの一つであるｍｉＲＮＡは、「ｍｉＲＮＡ遺伝子」から転写される。ｓｉＲＮＡと同じようにやはり二一から二三ヌクレオチド程度の短い二本鎖ＲＮＡで、これもｓｉＲＮＡと同じようなメカニズムによって、他の遺伝子の発現をコントロールしていると考えられている。

ｍｉＲＮＡは、転写されるとヘアピンのような構造を呈する。これはつまり、その分子内にお互いにペアを形成する、すなわち部分的に二本鎖を形成することができるような領域が存在しているからである。これが「ダイサー」などのはたらきによって成熟したｍｉＲＮＡとなり、「ＲＩＳＣ」に取り込まれて、標的ｍＲＮＡを分解するのだ。

なお、ｓｉＲＮＡとｍｉＲＮＡは、ともに同じ程度の長さの低分子ＲＮＡだが、両者がどのように使い分けられているかについてはまだ未知の部分が多い。ｓｉＲＮＡとｍｉＲＮＡがどのように作られ、どのようにはたらいているか、その全体像がわかるのはまだまだ先のことであろう。

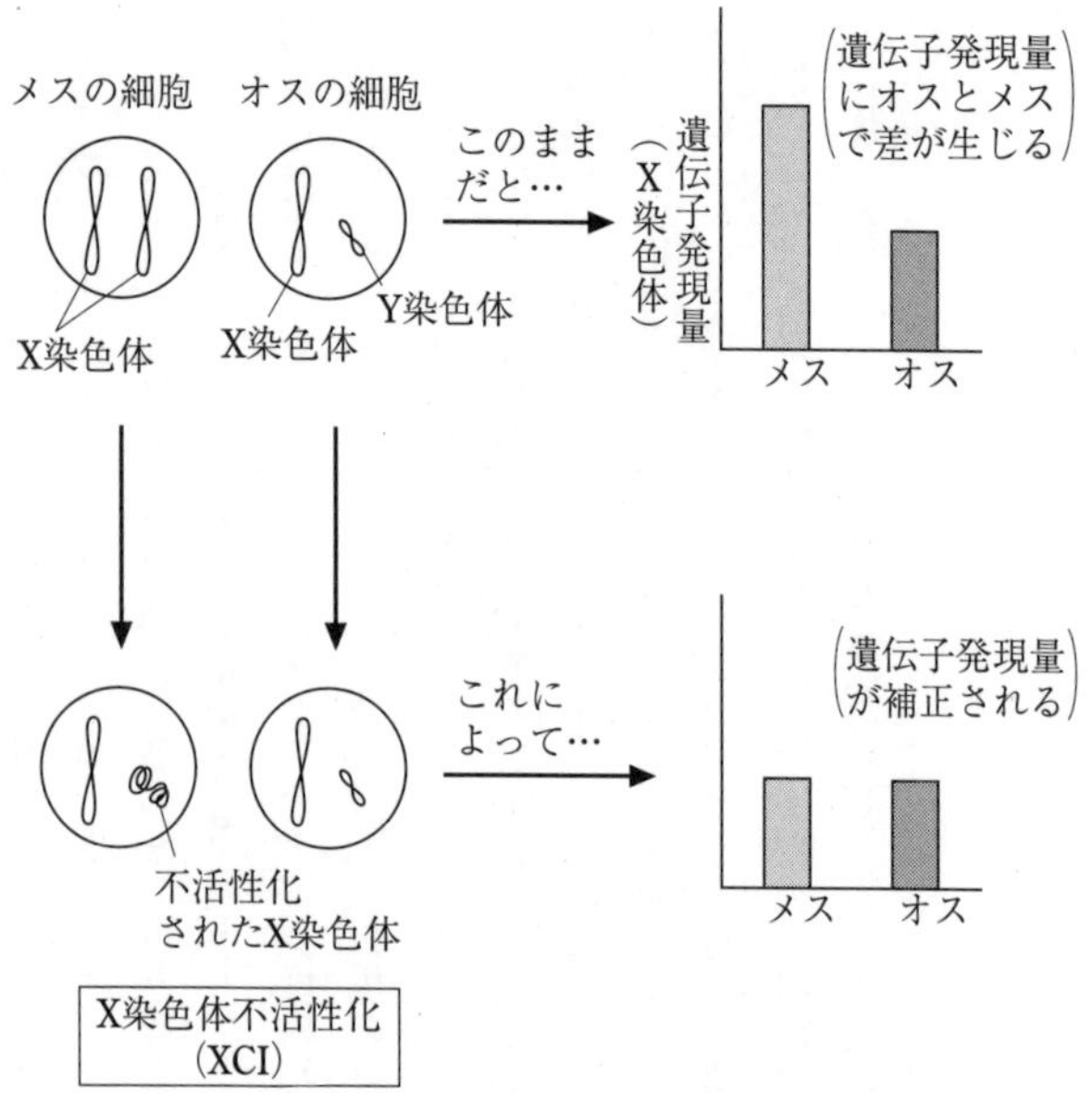

図48　遺伝子発現の調節

遺伝子発現の調節

遺伝子発現の調節は、古くから生物がもっていたメカニズムの一つである。

たとえば「X染色体の不活性化」という現象は、オスとメスの遺伝子発現レベルに差がでないように、メスの二本あるX染色体のいっぽうを不活性化することによって、X染色体が一本しかないオスとのバランスを取るためのメカニズムであると考えられている（図48）。

また、「ゲノム・インプリンティング」という現象もある。これは、常染色体上にある父、母それぞれに由来する一対の遺伝子のうちの、いっぽうだけが不活性化される現象である。

X染色体不活性化、ゲノム・インプリンティングの双方とも、ゲノムの該当箇所が「メチル化」されることが原因で生じることが知られている——メチル化についてはコラム3でちらりと述べた——。

DNAはメチル化を受けると構造が変化し、遺伝子の転写（mRNAへのコピー）が起こらないような立体構造になってしまうので、これらの遺伝子は不活性化されるというわけだ。

これは、DNAという図書館からの情報の引き出しそれ自体をシャットアウトする方法である。遺伝子発現を調節するにはこれだけで十分なような気がするが、いったいなぜ細胞は、RNA干渉などのようなメカニズムを駆使し、mRNAに一度コピーされたものをわざわざ分解するようなプログラムを作ったのだろうか？

二本鎖RNAのもつ可能性

前出の理化学研究所・林﨑良英らの報告では、RNAに転写される遺伝子全体の七〇％以上に、その塩基配列と相補的に結合し得るパートナー（アンチセンス・パートナー：アンチセンスについては187ページ参照）が存在することが明らかとなった。このことは、転写されるRNAの大部分が「二本鎖RNA」として機能することを示唆している。

かつて、RNA干渉というシステムは、ウイルスの侵入から細胞を守るための「ウイルス対策プログラム」なのではないか、と考えられていた時期があった。なぜならば、私たちのDNAには、ウイルスとよく似た塩基配列をもつ部分が少なからず存在するからであり、これを利用してmiRNAを作り出し、侵入してきたウイルスの遺伝子発現をブロックするのではないかと考えられたのである。

しかしながら現在では、それよりもむしろ、やはり宿主の遺伝子発現の調節、制御プログラムとして二本鎖RNAがなんらかの機能を発揮するように進化してきたとするのが妥当であると考えられるようになってきている。

面白いことに、タンパク質へと翻訳されないDNA領域（ノン・コーディング領域）が、全DNAに占める割合は、どうやら複雑な生物になるほど大きくなっているらしい。

たとえば、大腸菌などの原核生物では、せいぜい一〇%から二〇%であるのに対して、真核生物の酵母では三〇%から四〇%、そして哺乳類では九〇%を超え、私たちヒトでは九八%を超えている。

ヒトではこのうち三分の二の領域が、ノン・コーディングRNA（ncRNA）として転写されているらしいのだ。

生物の複雑さの増大とともにmiRNAなどのncRNAの種類数が増えるのだとしたら、m

RNAに一度コピーされたものをわざわざコントロールするようなプログラムがないと、私たちのような複雑なからだは作られなかったのかもしれない。

研究者の間ではRNA干渉は、生物がもつ二本鎖RNA機能の一部であり、今後、新たなメカニズムが発見されていくだろうという思いがある。

たとえば現在でも、二本鎖RNAが引き金となって起こるとされる「RNAに導かれたDNAメチル化 RNA-directed DNA methylation」という現象が知られている。これは、二本鎖RNAからsiRNAなどができると、それが相補的な塩基配列をもつDNAにメチル化を引き起こし、その結果としてその領域の遺伝子発現がオフになる（抑制される）現象である。

このメチル化は、世代が変わっても安定的に次世代のDNAへと遺伝されるという性質をもつ。したがって、RNAがDNAの状態を規定しているという意味で、セントラルドグマへの反逆の一つであるといえる。

一本鎖ではなく、二本鎖としてはたらくRNAの存在。

そしてこれまでは人間の目に明らかにされてこなかった「小さなRNA」の存在。

現在ではRNA干渉の研究がその最右翼だが、今後、どのような新たな機能が発見されていくか。研究の進展が待たれるところである。

第三節　ＲＮＡの未知なる機能・その一例

システムを復元する

筆者が大学生のころ、マッキントッシュ（マック）という変な機械が流行り出していた。クラスメートがもっていたのを偶然目にしたのが、筆者の一〇年以上にわたるマック歴を生み出すことになろうとは。

彼がもっていたのは「クラシック」というもっとも初期のマックだったが、ウィンドウズ発売前のＰＣにおけるこ難しいコマンド操作に比べ、格段に簡単だったのが衝撃的だった。以降、筆者もマッキントッシュⅡｓｉ、パワーマック、ｉマックとお世話になってきた。

現在の職場に移る時期に、ウィンドウズに鞍替えした。べつになぜという理由があったわけではない。ただなんとなくだ。

パソコン操作が下手なのかどうなのか理由はわからないが、ウィンドウズに変わってもよくシステムクラッシュを起こした。そのたびに「システムの復元」なるプログラムを実行することになるのだが、この機能はマックにはなかったので——最新のマックにはあるのかもしれないが——、けっこう重宝している。

システム復元は、詳しいことはよく知らないが、定期的にその時点でのシステム情報をパソコンに保存しておき、それ以降にシステムクラッシュが起きた際に、その最新の時点で保存してあったシステム情報を復元できるというすぐれものだ。

つまり、すこし前の時点に戻って、記憶を取り戻すわけである。

キャッシュ

インターネットを経由していろんなウェブサイトにアクセスすると、その画像情報などがパソコン内に残るようになっている。

アクセス頻度などが高い場合、いちいちそこにアクセスし直すよりも、パソコンに情報を記憶させておけば、より高速にデータを得ることが可能となる。その際に使われる高速記憶装置のことを「キャッシュ」という。

二〇〇五年三月、私たち生物でもそうした記憶が残されているキャッシュが存在するのではないかと考えられるデータが、英科学誌『ネイチャー』誌上で報告された。発表者は、米国インディアナ州パーデュー大学の植物学者スーザン・ロールとロバート・プルートのグループである。

あまりにもせっかちなミュータント

ロールらは、シロイヌナズナ *Arabidopsis thaliana* という、実験植物として全世界の分子生物学者が愛用するアブラナ科の植物において、この興味深い現象をみつけた。余談だが、この植物はすでにゲノム解読が終了しており、そこからタンパク質が作り出される遺伝子の数は二万六〇〇〇個から二万七〇〇〇個程度であることが明らかとなっている。

ロールたちが注目したのは、シロイヌナズナのいくつかの変異体である。ある遺伝子に変異が入ると、その先端の花の部分がくっついたままになってしまうことが知られていたが、ロールらはそうした遺伝子のうち、*hothead* と呼ばれる遺伝子変異に注目した。

hothead は、シロイヌナズナにおいて知られている「なんとか *head*」変異体シリーズの一つである。この「なんとか *head*」変異体は、花のつぼみ同士が押し合いへし合いして、ついにぐちゃっとくっついたままになってしまったかのようにみえる変異体で、他に *knobhead*、*fiddlehead* などが知られている。これは、表皮に含まれる「クチクラ」という成分が変化してしまうために生じる。

hothead とは、元来は「性急な」「せっかちな」「熱しやすい」といった意味であるが、まあこれは研究者が大好きな言葉遊びの類であろう。

　この *hothead* 変異体で、ロールたちは奇妙な現象に気がついたのである。

メンデルの法則

　メンデルの法則は、いってみれば遺伝学におけるセントラルドグマだ。

　エンドウマメのうち、豆の表面に皺があるものと滑らかなものを交配させると、F_1と呼ばれる第一代目には一〇〇％の確率で滑らかなものができる。ところが、F_1のエンドウマメ同士を交配させると、F_2と呼ばれる第二代目では七五％が滑らかなもの、二五％が皺があるものができる。これは、豆の表面に関する優勢な性質（滑らか）と劣勢な性質（皺がある）がそれぞれ同等に、一対一の割合でそれぞれの豆で受け継がれることを意味し、そうした組み合わせ（滑らか：滑らか、滑らか：皺がある、皺がある：皺がある）のうちどちらかいっぽうが「滑らか」であれば、たとえもういっぽうが「皺がある」であっても、あらわれてくる形質は「滑らか」となることを意味している。

　つまり、混合タイプ（滑らか：皺がある）同士がさらに交配されたとき、「皺がある：皺がある」が四分の一の確率で生じるわけで、この場合、混合タイプである親が「滑らか」な豆であっても、そこからまるで突然あらわれたかのように「皺がある」豆ができてくる（図49）。

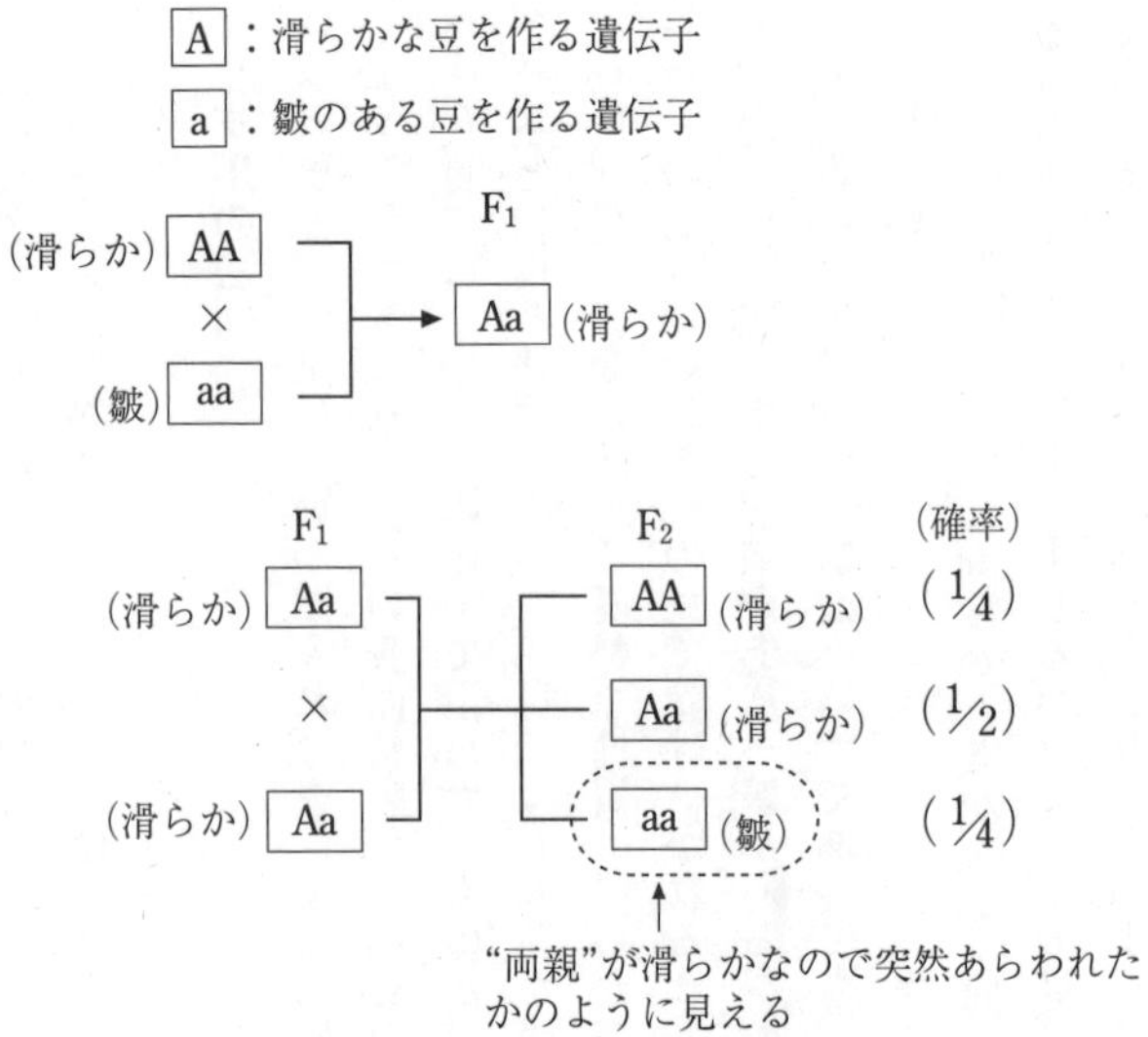

図49　メンデルの法則

これらはすべて、親の遺伝子がそれぞれ等しい割合で子に受け継がれていることを意味している。この場合、〔皺がある：皺がある〕という遺伝子をもつ豆と、同じく〔皺がある：皺がある〕という遺伝子をもつ豆を交配させても、けっして〔滑らか：皺がある〕という遺伝子をもつ豆はできることはない。

遺伝子が回復するという仰天事実

じつはロールたちが発見したのは、このメンデルの法則を根底から覆す——わけでもないのだが、そんなニュアンスで報道されたのを覚えているかたもおられよう——現象だった。

その現象は、エンドウマメでいえば

〔皺がある：皺がある〕と〔皺がある：皺がある〕から、驚くべきことに〔滑らか：皺がある〕が生まれたといった類のものであった。

つまり、両方——雌の親株由来と雄の親株由来——の *hothead* 遺伝子に変異があるシロイヌナズナ同士を掛け合わせると、なんと、変異のない——変異していたものが正常へと復帰した——シロイヌナズナが誕生したのである（図50）。論文ではこのシロイヌナズナを「復帰体」と呼んでいる。

単細胞生物である酵母の変異体などを用いた実験などでは、変異が起こって不活性化されていた遺伝子が再び正常に戻るという現象はあるし、むしろ、一つのきちんとしたシステムとして、変異の実験などで汎用される「実験手法」として確立されてもいる。復帰突然変異（リヴァージョン）と呼ばれているのがそれである。ただしそれが起きるのは人工的に変異を加えた場合がほとんどで、自然界に生きている酵母において起こることはまれであろう。

まして多細胞生物個体の単位で、そのＤＮＡ上に存在する変異が、たった一度の交配でふたたび正常に戻るということが起こる確率はきわめて低い。

ロールらのデータをみると、こうした自然突然変異による変異から正常への復帰の可能性はきわめて低いと思われる。それはたとえば、復帰体が得られる頻度は一〇分の一から一〇〇分の一の確率であり、これは自然突然変異によるものであると考えると異常なほど高い値であることか

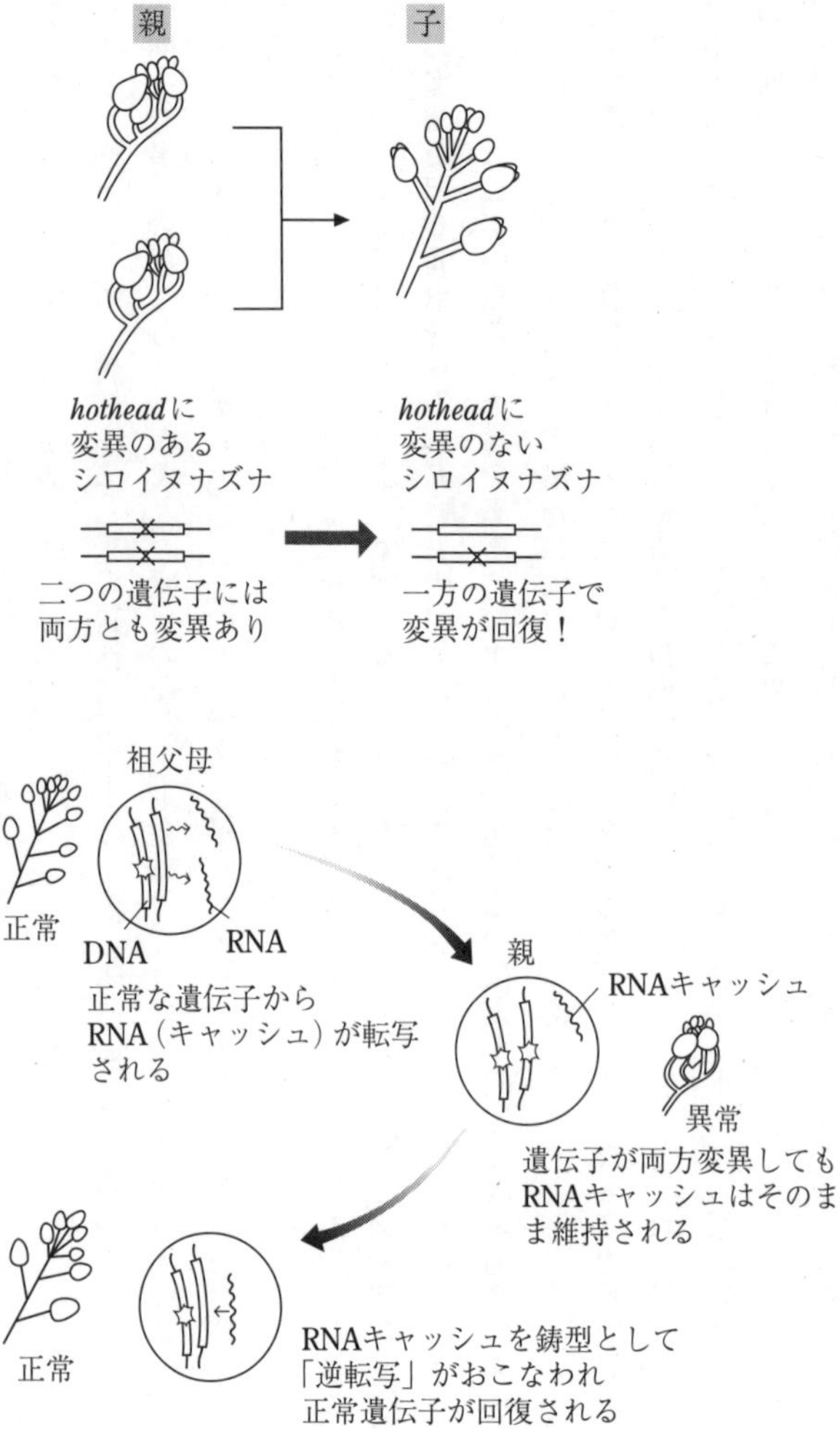
親
子
*hothead*に
変異のある
シロイヌナズナ
*hothead*に
変異のない
シロイヌナズナ
二つの遺伝子には
両方とも変異あり
一方の遺伝子で
変異が回復！
祖父母
正常
DNA
RNA
正常な遺伝子から
RNA（キャッシュ）が転写
される
親
RNAキャッシュ
異常
遺伝子が両方変異しても
RNAキャッシュはそのま
ま維持される
正常
RNAキャッシュを鋳型として
「逆転写」がおこなわれ
正常遺伝子が回復される

図50　復帰した変異

らもわかる。またゲノム全体を解析した結果、ゲノムＤＮＡのほかの部分にあるよく似た配列を鋳型としてコピーしなおした可能性もないことがわかった。

ＲＮＡキャッシュ

となると、あと考えられることは、ゲノムＤＮＡ以外になんらかの形で遺伝情報が保持されているということしかない。

そうなるともっとも可能性のある仮説は、「ＲＮＡ」上に遺伝情報が保持されているというものだ（図50）。本書をここまでお読みいただいた読者諸賢であれば、ＲＮＡの柔軟性について考えるのにそれほど抵抗をお感じにはならないだろう。

ＲＮＡは、たとえばｍＲＮＡなどのような「ＤＮＡのコピー」として機能するものもあれば、リボザイムのように「酵素」としてはたらくものもある。また逆転写酵素がＤＮＡを合成するのに利用する「鋳型」——この場合、ＤＮＡがＲＮＡのコピーとなる——となることもある。

こうした柔軟性は、ゲノムＤＮＡ以外の遺伝情報がＲＮＡの上に存在し、これが世代を通じて受け渡されるという仮説を突拍子もないものとせず、むしろひじょうに可能性の高い高度なシステムの存在を予言しているとさえいえる。

ローラらは論文のなかで、「私たちは、こうした遺伝的回復現象が、先祖のＲＮＡ配列キャッ

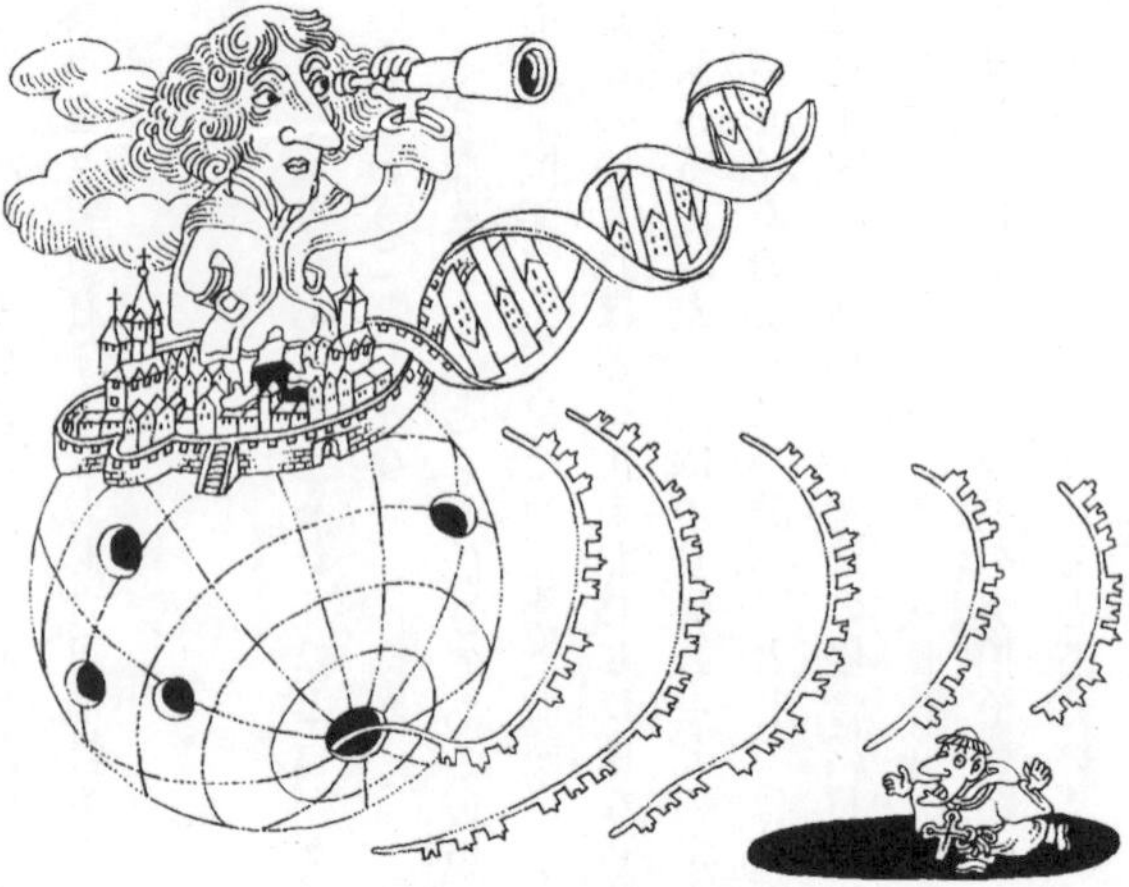

コペルニクス的転回？

シュを鋳型として利用するプロセスの結果であると考えている」と述べている。

現在はまだ、RNA配列キャッシュ——ここではたんに「RNAキャッシュ」と呼ぶ——は仮説にすぎないし、またロールらの論文に対しては、二〇〇五年九月に同じ『ネイチャー』誌上でも反論がなされ、RNAキャッシュによらなくても説明できるとする意見が掲載されている。

が、もしこれが本当だとすれば、生物の遺伝現象にRNA自身が深く関わっていることになり、メンデル以来の遺伝学はコペルニクス的転回を迫られるかもしれない。その意味で、「メンデルの法則を根底から覆す」という可能性も、なくはない。

実際、遺伝に携わるのはDNAだけではなく、RNA自身もきちんと親から子へと伝わり、なんらかの役割をはたしているであろうという報告も、すでにいくつかの研究グループから出されている。二〇〇六年五月には、同じく『ネイチャー』に、マウスにおいてそのような現象が報告された（キャッシュであるとはいっていないが）。

「遺伝するRNA」が今後どのように展開していくか、これらの研究の進展がおおいに楽しみである。

新たな展開

DNA、RNA、そしてタンパク質。

その構造、機能、そして進化の過程は三者三様である。性質の異なるこれら三者が相互作用し合うことで、生物は進化してきたといえる。

しかしながらセントラルドグマの過程をみていくと、生命はDNAではなく、むしろ多種多様なRNAによって維持されてきたということがわかってくる。

本書では、セントラルドグマの「DNAからRNAを経由してタンパク質が作られる」過程が、どのような分子メカニズムでおこなわれるのかをなるべく平易に解説しようと試みてきた。

いっぽうで、最近のRNA研究を通じて、いっけんセントラルドグマに反しているかのようにみえる現象についてもご紹介してきた。

もちろん最後の「RNAキャッシュ」などはまだ仮説の域を出ていないのだが、ただこれだけはいえる。

セントラルドグマは、単純な「DNA→RNA→タンパク質」という図式だけでは完全にとらえきれない、もっと複雑なシステムなのだ、と。

RNAルネサンスを迎えた二一世紀、生命のセントラルドグマは、新たな展開を迎えつつあるのである。

おわりに

本書の執筆についてブルーバックス出版部から依頼があったのは、前著『DNA複製の謎に迫る』が刊行された直後であった。即答でお引き受けはしたものの、いざ書きはじめてみるとさまざまな困難が横たわっているのに気がついた。

まず、自分がいかにDNAに偏向したものの見方をしていたかを知り、愕然とした。それと同時に、新たな視点に対して目が開いたような気がしたものであった。

セントラルドグマをこうして眺めてみると、細胞のはたらきを支える〝裏方〟はあくまでもRNAであるということがよくわかる。mRNAが遺伝情報を運び、hnRNAがこれをサポートする。miRNAはmRNAを阻害することで遺伝子発現のコントロールをおこない、tRNAはアミノ酸を運ぶ。rRNAはリボソームを作ってmRNAとtRNAを会合させ、ペプチド結合を作らせてタンパク質を合成する。

裏方といったが、視点を変えればこの流れこそが生命現象の本質であり、そのなかではDNAはたんなる出発点にすぎず、タンパク質はたんなる終着駅にすぎない。

くしくも昨今は「RNAルネサンス」と称されるRNA研究の花盛りだ。これまではmRN

A、tRNA、rRNAだけであった世界に、さまざまな低分子RNAが、華麗な機能をもって参入してきている。

二一世紀のRNAの科学の潮流。我が国のtRNA研究の第一人者である東京大学の中村義一博士は、これを「RNAのアポロ計画」と呼んだ。遺伝子とはなにかという基本的な問題も含め、DNA中心の生命世界が、やがてRNA中心の生命世界として認識されるようになるのも、おそらく時間の問題ではなかろうか。

これから生命科学を志望する若い学生諸氏にとって、本書がその糸口になることを希望してやまない。

セントラルドグマはあまりにも幅が広く、また生命現象を知るうえであまりにも魅力的だ。転写開始反応、RNA編集や、終止コドン介在性mRNA分解機構に代表されるmRNAの品質管理機構、mRNAのプロセッシング、リボザイム、そしてリコーディングなどについては、本書ではその広大な学問の一分野の、そのまたごく一部をご紹介できたにすぎないし、原核生物と真核生物の転写制御機構の違いといった生物種特異的な現象やその相違点などに関しても、すべてを網羅することができず、本書ではおもに真核生物に関するメカニズムの一端をご紹介することしかできなかった。

機会があればこれらについてもご紹介したいという衝動に駆られながら、このあとがきを執筆しているわけだが、脱稿まぎわになって、二〇〇六年のノーベル生理学医学賞ならびにノーベル化学賞が、本書でご紹介したメカニズムを解明した二つの研究に授与されることになったというニュースが飛び込んできた。本書をはやく刊行せよと運命の神様が背中を押してくれたような、とてもうれしい気分になったこともここで申し上げておこう。

さしあたってセントラルドグマの最新情報をお知りになりたいかたは、巻末の参考図書をごらんいただければと思う。もちろん、この分野はまさに日進月歩であるから、本書が読者諸賢の目に留まるころには、もっと新しい進展があるだろうが。

前著『DNA複製の謎に迫る』と同様、今回も原稿を最初に読んで批評し、専門家以外の理系代表の視点でアドバイスをしてくれたのは、妻・泉であった。子育ての忙しい合間を見つけて、その貴重な時間を原稿読みに割いてくれた妻には、本当に感謝している。彼女なくして本書はできあがらなかった。

また原稿を書きあげるうえで、専門家の方々に前著同様ご意見をいただき、レビューをお願いした。とりわけ梅川逸人氏（三重大学）、片岡直行氏（京都大学）、竹中章郎氏（東京工業大学）、塚谷裕一氏（東京大学）、中村義一氏（東京大学）、林﨑良英氏（理化学研究所）、そして松田覚氏（奈良女子大学）にはお忙しい御身、またお願いしたのがちょうど年度末という忙しい時期であったにもかかわらず緻密なレビュー、ご校正をいただき、貴重なご意見を頂戴することができた。

また筆者の友人にして、転写分野での現役の研究者である亀村和生氏（長浜バイオ大学）ならびに渡辺祥規氏（中外製薬㈱）には全章にわたってお読みいただき、ご意見、ご校正をいただくことができ、また筆者の共同研究者である水野武氏（理化学研究所）にはセントラルドグマに関するトピックスなどにつき、いろいろとアドバイスをいただいた。

ご協力いただいたこれらの方々に、ここで改めて御礼申し上げる。

なお前著と同様、ご協力を得られたあとに訂正した部分も少なからず存在するため、本文中もしくは図版中に重大な誤りがあった場合、それはすべて武村政春本人の責任であるということも、あわせて申し上げておきたい。

最後に、父・泰男と母・洋子、長男・昌叡、本書の出版の機会をお与えいただき、原稿を精査いただいた講談社ブルーバックス出版部・堀越俊一氏ならびに中谷淳史氏、そしてなによりも、本書をここまでお読みくださった読者諸賢に対し、この場を借りて深く感謝する次第である。

二〇〇七年　新春

武村政春

参考図書

以下にご紹介する図書は、筆者が本書を執筆するうえで参考にし、また引用に供したものの一部であるが、これらは読者諸賢がもっと理解を深めたいとお考えになったときにお読みになっても最適な図書である。

（一）一般図書（科学読み物風）

『生命～この宇宙なるもの～』クリック著、中村桂子訳、新思索社、二〇〇五年
『やわらかな遺伝子』リドレー著、中村桂子他訳、紀伊國屋書店、二〇〇四年

（二）学術図書（参考書・専門書）

『遺伝暗号の起源と進化』大澤省三著、渡辺公綱他訳、共立出版、一九九七年
『キーワードで理解する・転写イラストマップ』田村隆明編、羊土社、二〇〇四年

『クロマチン　～エピジェネティクスの分子機構～』ターナー著、堀越正美訳、シュプリンガー・フェアラーク東京、二〇〇五年
『転写研究集中マスター』半田宏他編、羊土社、二〇〇五年
『ヒトの分子遺伝学・第3版』ストラチャン他著、村松正實他訳、メディカル・サイエンス・インターナショナル、二〇〇五年
『分子細胞生物学・第5版』ロディッシュ他著、石浦章一他訳、東京化学同人、二〇〇五年
『躍進するＲＮＡ研究』実験医学増刊号、中村義一、塩見春彦編、羊土社、二〇〇四年
『ＲＮＡがわかる』中村義一編、羊土社、二〇〇三年
『ＲＮＡの細胞生物学』中村義一、坂本博編、共立出版、二〇〇四年

（三）学術雑誌（専門家向けなので難解）

『non-coding RNAの機能解明に挑む』林﨑良英企画、羊土社、実験医学二〇〇六年四月号
『ＲＮＡの成熟化プロセス』鈴木勉他企画、羊土社、実験医学二〇〇五年七月号
『ＲＮＡ編集』医歯薬出版（株）、医学のあゆみ二一五巻八号（二〇〇五年一一月）

<マ行>

<ヤ行>

<ラ行>

<ナ行>

<ハ行>

<サ行>

<タ行>

<カ行>

<ア行>

さくいん

N.D.C.464.1　220p　18cm

ブルーバックス　B-1544

生命《せいめい》のセントラルドグマ
RNAがおりなす分子生物学の中心教義

2007年2月20日　第1刷発行

著者　武村政春《たけむらまさはる》
発行者　野間佐和子
発行所　株式会社講談社
〒112-8001 東京都文京区音羽2-12-21
電話　出版部　03-5395-3524
販売部　03-5395-5817
業務部　03-5395-3615
印刷所　（本文印刷）豊国印刷株式会社
（カバー表紙印刷）信毎書籍印刷株式会社
本文データ制作　講談社プリプレス制作部
製本所　有限会社中澤製本所

定価はカバーに表示してあります。

ISBN978-4-06-257544-7

発刊のことば

科学をあなたのポケットに

二十世紀最大の特色は、それが科学時代であるということです。科学は日に日に進歩を続け、止まるところを知りません。ひと昔前の夢物語もどんどん現実化しており、今やわれわれの生活のすべてが、科学によってゆり動かされているといっても過言ではないでしょう。

そのような背景を考えれば、学者や学生はもちろん、産業人も、セールスマンも、ジャーナリストも、家庭の主婦も、みんなが科学を知らなければ、時代の流れに逆らうことになるでしょう。

ブルーバックス発刊の意義と必然性はそこにあります。このシリーズは、読む人に科学的に物を考える習慣と、科学的に物を見る目を養っていただくことを最大の目標にしています。そのためには、単に原理や法則の解説に終始するのではなくて、政治や経済など、社会科学や人文科学にも関連させて、広い視野から問題を追究していきます。科学はむずかしいという先入観を改める表現と構成、それも類書にないブルーバックスの特色であると信じます。

一九六三年九月

野間省一

ブルーバックス　生物関係書

582 DNA学のすすめ　柳田充弘
623 細胞を読む　山科正平
977 森が消えれば海も死ぬ　松永勝彦
1006 アポトーシスの科学　山田　武／大山ハルミ
1032 フィールドガイド・アフリカ野生動物　小倉寛太郎
1047 分子進化学への招待　宮田　隆
1067 屋久島　湯本貴和
1073 へんな虫はすごい虫　安富和男
1108 ここまでわかったイルカとクジラ　村山　司／笠松不二男
1140 ゾウの鼻はなぜ長い　加藤由子
1152 酵素反応のしくみ　藤本大三郎
1197 生物は重力が進化させた　西原克成
1219 すごい虫のゆかいな戦略　安富和男
1241 新しい生物学　第3版　野田春彦／日高敏隆／丸山工作
1248 地球と生命の起源　酒井　均
1277 自己組織化とは何か　都甲　潔／江崎　秀／林　健司
1306 心はどのように遺伝するか　安藤寿康
1341 食べ物としての動物たち　伊藤　宏
1342 Q&A　野菜の全疑問　高橋素子＝著　篠原　温＝監修
1348 新・生物物理の最前線　日本生物物理学会＝編
1357 生命にとって酸素とは何か　小城勝相

1358 内科医からみた動物たち　山倉慎二
1363 新・分子生物学入門　丸山工作
1365 植物はなぜ5000年も生きるのか　鈴木英治
1391 ミトコンドリア・ミステリー　林　純一
1401 生命をあやつるホルモン　日本比較内分泌学会＝編
1409 Q&A　食べる魚の全疑問　高橋素子＝著　成瀬宇平＝監修
1410 新しい発生生物学　木下　圭／浅島　誠
1412 脳とコンピュータはどう違うか　茂木健一郎／田谷文彦
1424 遺伝子時代の基礎知識　東嶋和子
1441 アメリカNIHの生命科学戦略　掛札　堅
1442 温度から見た宇宙・物質・生命　ジノ・セグレ　桜井邦朋＝訳
1449 親子で楽しむ生き物のなぞ　内山裕之
1457 Q&A　ご飯とお米の全疑問　高橋素子＝著　大坪研一＝監修
1462 遺伝子と運命　ピーター・リトル　美宅成樹＝訳
1472 DNA（上）　ジェームス・D・ワトソン／アンドリュー・ベリー　青木　薫＝訳
1473 DNA（下）　ジェームス・D・ワトソン／アンドリュー・ベリー　青木　薫＝訳
1474 クイズ　植物入門　田中　修
1477 DNA複製の謎に迫る　武村政春
1491 遺伝子で探る人類史　ジョン・リレスフォード　沼田由起子＝訳
1504 プリオン説はほんとうか?　福岡伸一

ブルーバックス　医学・薬学・人間・心理関係書

569 毒物雑学事典　大木幸介
573 健康のためのスポーツ医学　池上晴夫
731 男のからだ・女のからだ　Ｑｕａｒｋ＝編
732 速読の科学　佐藤泰正
921 自分がわかる心理テスト　芦原　睦　桂　戴作＝監修
955 やる気を生む脳科学　大木幸介
976 関節はふしぎ　高橋長雄
992 鍼とツボの科学　神川喜代男
999 武道の科学　高橋華王
1008 心でおきる身体の病　芦原　睦
1021 人はなぜ笑うのか　志水　彰／角辻　豊／中村　真
1049 免疫と健康　野本亀久雄
1052 脳が考える脳　柳澤桂子
1063 自分がわかる心理テストPART2　芦原　睦＝監修
1083 格闘技「奥義」の科学　吉福康郎
1089 男は女より頭がいいか　J・ニコルソン　村上恭子＝訳
1093 ひざの痛い人が読む本　井上和彦／福島　茂
1110 薬の飲み合わせ　伊賀立二＝監修　澤田康文＝著
1117 リハビリテーション　上田　敏
1123 金属は人体になぜ必要か　桜井　弘
1138 活性酸素の話　永田親義

1143 腰痛・肩こりの科学　荒井孝和
1154 がんとDNA　生田　哲
1176 考える血管　児玉龍彦／浜窪隆雄
1180 分子レベルで見た薬の働き　平山令明
1184 脳内不安物質　貝谷久宣
1200 足の裏からみた体　野田雄二
1216 脳と心の量子論　治部眞里／保江邦夫
1222 遺伝子診断で何ができるか　奈良信雄
1223 姿勢のふしぎ　成瀬悟策
1225 タンパク質の反乱　石浦章一
1227 環境ホルモン　筏　義人
1229 超常現象をなぜ信じるのか　菊池　聡
1230 自己治癒力を高める　川村則行
1231 「食べもの情報」ウソ・ホント　髙橋久仁子
1238 人は放射線になぜ弱いか　第3版　近藤宗平
1240 ワインの科学　清水健一
1244 脳の老化と病気　小川紀雄
1251 心は量子で語れるか　ロジャー・ペンローズ／A・シモニー／N・カートライト／S・ホーキング　中村和幸＝訳
1252 検証アニマルセラピー　林　良博
1258 男が知りたい女のからだ　河野美香